Andreas Lukas

Abschied von der Top-Down-Kultur

W0083205

Andreas Lukas

# Abschied von der Top-Down-Kultur

Verantwortungsbewusst führen,
besser miteinander umgehen

**GABLER**

Bibliografische Information der Deutschen Nationalbibliothek
Die Deutsche Nationalbibliothek verzeichnet diese Publikation in der
Deutschen Nationalbibliografie; detaillierte bibliografische Daten sind im Internet über
<http://dnb.d-nb.de> abrufbar.

1. Auflage 2012

Alle Rechte vorbehalten
© Gabler Verlag | Springer Fachmedien Wiesbaden GmbH 2012

Lektorat: Ulrike M. Vetter

Gabler Verlag ist eine Marke von Springer Fachmedien.
Springer Fachmedien ist Teil der Fachverlagsgruppe Springer Science+Business Media.
www.gabler.de

Das Werk einschließlich aller seiner Teile ist urheberrechtlich geschützt. Jede
Verwertung außerhalb der engen Grenzen des Urheberrechtsgesetzes ist ohne
Zustimmung des Verlags unzulässig und strafbar. Das gilt insbesondere für
Vervielfältigungen, Übersetzungen, Mikroverfilmungen und die Einspeicherung
und Verarbeitung in elektronischen Systemen.

Die Wiedergabe von Gebrauchsnamen, Handelsnamen, Warenbezeichnungen usw. in diesem
Werk berechtigt auch ohne besondere Kennzeichnung nicht zu der Annahme, dass solche
Namen im Sinne der Warenzeichen- und Markenschutz-Gesetzgebung als frei zu betrachten
wären und daher von jedermann benutzt werden dürften.

Umschlaggestaltung: KünkelLopka Medienentwicklung, Heidelberg
Druck und buchbinderische Verarbeitung: AZ Druck und Datentechnik, Berlin
Gedruckt auf säurefreiem und chlorfrei gebleichtem Papier
Printed in Germany

ISBN 978-3-8349-3186-3

# Geleitwort

Unsere bisherigen Vorstellungen über die Art und Weise des Wirtschaftens, des Arbeitens sowie der Vorhersagbarkeit politischer und gesellschaftlicher Entwicklungen werden sich in den vor uns liegenden Jahren nachhaltig und gravierend verändern. Der zum Teil disruptive Wandel erfordert einen neuen Umgang mit der Vielfalt auf gesellschaftlicher, unternehmerischer und individueller Ebene. In den vergangenen Jahrzehnten wurden viele Prozesse in den Unternehmen optimiert und effizienter gemacht. Bei genauerem Hinsehen fällt jedoch auf, dass ein großer Bereich bisher meist vernachlässigt wurde. Es geht um die Energie- und Ressourcenproduktivität wie sie von Dr. Lukas im Sinne des Wissens und Könnens, der Vielfalt und der Fähigkeiten thematisiert wird. Es geht letztlich darum, die vorhandene Vielfalt an Energien und Ressourcen im Unternehmen wahrzunehmen und nutzbringend einzusetzen - und damit aber auch Unternehmen als geschlossene Systeme zu öffnen. „A rich environment requires a rich response".

Im Mittelpunkt steht deshalb ein Führungsverhalten, das eine freie Entfaltung und Entwicklung dieser Potenziale zulässt. Potenzial und Talent wird zum Engpassfaktor unternehmerischen Zukunftshandelns. Mit der verfügbaren biologischen, sozialen und personalen Vielfalt kann so eine neue Umgangsqualität erlernt und eine bessere Unternehmenskultur etabliert werden. Unternehmen sollten sich in diesem Sinne zu Talentbiotopen weiterentwickeln, besonders auch im Hinblick auf eine vielfältigere persönliche Entwicklung des Individuums. Es geht also um die Fähigkeit und die Bereitschaft, andere Menschen zu entwickeln und zu fördern, statt sie zu kanalisieren und sie durch eingeengte Entscheidungs- und Handlungsspielräume in Abhängigkeit zu halten. Transformatorisch gesehen geht es auch um die Vielfalt in der Talententwicklung, da wir unerschlossene, ausgegrenzte, vernachlässigte Energien und Ressourcen in Anbetracht des Fachkräftemangels nicht länger brachliegen lassen können.

Der Führungskraft kommt so eine neue Rolle in einem flexiblen, kreativen und innovativen Unternehmen zu. Führungskräfte werden zu „Financiers von Talent". Und ich kann den Leitgedanken des Buches nur

unterstreichen, wir brauchen bessere und vor allem sinnvollere Denk-
und Handlungsmuster sowie Vorgehensweisen als die bisherigen, eingefahrenen, altehrwürdigen Routinen.

Der Autor zeigt, dass sich Organisationen durch die Qualität und
Kompetenz der Mitarbeiter und des Managements, also der Mitwirkenden, sowie durch die Qualität des gegenseitigen Umgangs und Beziehungsgeflechts unterscheiden, also durch ihr Sozial- und Beziehungska-
pital. In dieser Welt wird die konsequente Nutzung dieses Potenzials, der
vorhandenen Energien und Ressourcen im Unternehmen zum echten
Wettbewerbsvorteil. Deshalb wird eine Energie- und Ressourcenproduktivität thematisiert, die sich auf das Wissen, Können, die Fähigkeiten
und Kompetenzen der Mitarbeiter bezieht. Ziel ist es, eine Selbsterneuerungskultur zu etablieren, die Unternehmen zukunftsfähiger macht. Das
Buch behandelt damit ein wichtiges und sehr aktuelles Thema, das dringend Einzug in die Unternehmen halten muss.

*Thomas Sattelberger*

Vorstand Personal, Deutsche Telekom AG, Bonn

# Vorwort

Ist ein Stuhl wirklich mehr wert als der Ingenieur, der darauf sitzt? Aus dem Blickwinkel der Bilanzrichtlinien ist die Antwort völlig klar. Die Controller, Banker und Wirtschaftsprüfer sehen die Stühle als wertvolles Vermögen und die Ingenieure als unnötige Kosten. Der Vorstand kann sein Unternehmen so richtig wertvoll machen, wenn er tausende Stühle kauft und alle Ingenieure entlässt.

Beim Wandel von der Industriegesellschaft in eine Wissensgesellschaft entdecken wir heute, dass die Mitarbeiter als wesentliche Quelle von Umsatz, Gewinn und Wachstum in den Vordergrund rücken. Wenn wir mit dem Wissen von Menschen Geld verdienen wollen, dann dürfen wir sie nicht länger als „Untergebene" behandeln, die unten sind und geben. Umdenken tut jetzt not. Das, was die Menschen vermögen, ist das wirkliche Vermögen einer Firma und macht diese einmalig.

Dr. Lukas führt seine Leser in eine neue Arbeits-Welt: Dort sind die Menschen das „Vermögen" und die Kunden ihre „Arbeit-Geber". In dieser Welt hat jeder Arbeitsplatz ein Gesicht und jeder seine Kunden: Die Politiker haben uns – die Bürger – als Kunden, die Professoren ihre Studenten, und die Chefs arbeiten für ihre Mitarbeiter. Die Führungskräfte werden jetzt zu „Vermögens-Beratern", die das Unternehmens-Vermögen steigern sollen. Sie sorgen für optimale Rahmenbedingungen. Sie stehen hinter ihren Mitarbeitern und halten ihnen den Rücken frei, damit diese möglichst effektiv für ihre externen und internen Kunden arbeiten können, damit sie ihre Potenziale entfalten können. Führen ist nicht mehr Macht-Anspruch und Status, sondern Dienst-Leistung und Verpflichtung.

Die Wissens-Ökonomie bietet heute die Chance, mehr Menschlichkeit in die Unternehmen zurückzuholen. Denn Wirtschaftlichkeit und Menschlichkeit – davon bin ich fest überzeugt – sind die beiden Seiten ein und derselben Medaille. In dieser Zukunftsökonomie sind beide keine Gegensätze, sondern gleichgerichtete Kräfte. Genau diese Gedankenkette greift das Buch auf und entwickelt eine zukunftweisende und verantwortungsbewusste Unternehmenskultur. Eine Kultur, die all das Wissen und Können, all die Fähigkeiten und Energien, all die Ressourcen

der Menschen, die im Unternehmen arbeiten, wahrnimmt und schon vor
17.00 Uhr nutzt. Heute erleben wir viele Mitarbeiter als „Nach-17.00-Uhr-
Unternehmer". Nach Feierabend entfalten sie ihre Talente, und dann
unternehmen sie all das, was sie vor 17.00 Uhr nicht unternehmen durften.

„Abschied von der Top-Down-Kultur" liefert einen sehr viel verspre-
chenden und gut nachvollziehbaren Ansatz, diese brachliegenden Potenziale in den Unternehmen zu aktivieren und freizusetzen: die vom Autor
entwickelte Kultur der Umgangsqualität. Dazu brauchen wir allerdings
ein anderes Denken und Verhalten. Auch dazu zeigt der Autor sehr an-
schauliche Wege. Dr. Lukas packt die zentralen Fragen für das Management der Zukunft an und liefert Gedanken, die uns alle weiterbringen
können. Mit seiner Sprache macht das Lesen auch noch richtig Spaß.
Sein Credo: „Wertschöpfung durch Wertschätzung" findet meine volle
Zustimmung.

*Jürgen Fuchs,* Wiesbaden

Vordenker, Bestseller-Autor, Unternehmer-Berater und Lehrbeauftragter
für „Philosophy & Economics" an der Universität Bayreuth

# Inhaltsverzeichnis

# 1 Prolog

*„Jedes Denken wird dadurch gefördert,*
*dass es in einem bestimmten Augenblick*
*sich nicht mehr mit Erdachtem abgeben darf,*
*sondern durch die Wirklichkeit hindurch muss."*

Albert Einstein

Die Möglichkeit und Fähigkeit zur Veränderung und zum Wandel werden in den kommenden Jahren dieser Dekade zum entscheidenden Parameter nicht nur wirtschaftlicher Leistungsfähigkeit und zukunftsweisender Managemententscheidungen, sondern auch für alle wesentlichen gesellschaftlichen und politischen Weichenstellungen. Es handelt sich um einen tiefgreifenden Wandel, der unsere bisherigen Vorstellungen über die Art und Weise des Wirtschaftens und Arbeitens sowie der politischen und gesellschaftlichen Entwicklungen nachhaltig und gravierend verändern wird.

Erfolgsfaktoren werden dabei Flexibilität, Kreativität, Vielfalt, Innovation, Wissen, Kompetenz, soziale, kreative, emotionale und intuitive Intelligenz sein. Die Herausforderung lautet, endlich eine Energie- und Ressourcenproduktivität zu erreichen, die in der Lage ist, die gravierenden Probleme in Wirtschaft und Gesellschaft zu lösen. Die jüngsten Ereignisse in Fukushima und die gravierenden gesellschaftlichen Umwälzungen im arabischen Raum oder das Aufbegehren der jungen Generation werden dies weiter forcieren.

Es wird aber auch bei uns (in Wirtschaft und Politik) noch zu viel in längst überholten Schubladenkategorien gedacht, so dass wirklich neue Entwicklungen nur schwer umsetzbar erscheinen. Spätestens seit der Jahrhundertwende sind die stabilen Grundmuster der Nachkriegszeit durch neue Muster der Dynamik abgelöst worden. Und seit Beginn der zweiten Dekade dieses Jahrhunderts zeichnet sich eine neue Entwicklung ab, die auf der Fähigkeit basiert, in die kleinsten Strukturen der Mikrowelt zu schauen und bisher unbekannte Zusammenhänge zu erkennen.

Dies wird zu ganz neuen Erkenntnissen führen und sich damit zur
Basisinnovation einer neuen Wirtschafts- bzw. Wachstumsphase entwickeln. Dafür steht die Nano- und Biotechnologie, mit denen ein neuer,
nach dem russischen Ökonom benannter Kondratieff-Zyklus ausgelöst
werden kann. Als Kennzeichen für eine solche neue Phase können folgende Beobachtungen ausgemacht werden:

- das Nutzungspotenzial alter Basisinnovationen und deren Produkti-
  vitätszuwächse sind größtenteils ausgereizt: Dies trifft für die Informationstechnologie zu. PC und Internet haben fast alle Bereiche
  durchdrungen. Ein noch schnelleres Notebook beispielsweise macht
  die Arbeitsprozesse nicht mehr sehr viel schneller und kann die Produktivität nicht mehr wie in den zurückliegenden 20 Jahren beeinflussen.

- Soziale/Institutionelle Veränderungen: Neuorientierung zu durch-
  gängigem nachhaltigem und verantwortungsbewusstem Wirtschaften
  und globaler Zusammenarbeit. Die Verhaltensweisen des Managements rücken stärker in den Fokus. Nicht zuletzt markiert die Finanzmarktkrise eine neue Form des öffentlichen Bewusstseins und
  der Diskussion. Führende müssen ihr jeweiliges Tun stärker begründen.

- Politische und gesellschaftliche Umwälzungen: Dies trifft besonders
  auf die Entwicklung in den Schwellenländern und die Veränderungen
  im arabischen Raum zu. Das Bruttoinlandsprodukt der Schwellenländer wird noch in diesem Jahrzehnt das der Industrieländer überholen.
  In den arabischen Ländern werden neue demokratisch orientierte
  Volkswirtschaften zu neuen Partnern im globalen Wettbewerb.

- Strukturwandel von der Industriegesellschaft zur Netzwerk- und
  Kreativökonomie: Dieser Wandel wird greifbar und die Verfügbarkeit
  von Wissen wird entscheidend. Das Internet wird seine Wirkung in
  fast alle Bereiche weiter ausbauen und zu dem Arbeitsinstrument
  schlechthin werden. Ohne den massiven und umfassenden Einsatz
  dieses Arbeitsinstruments werden ganze Bereiche nicht mehr existenzfähig sein.

Als Impulsgeber dieser sich abzeichnenden neuen Phase können zwei
große Kraftquellen ausgemacht werden:

- *Künftige Megatrends,* die zu Nachfrageverschiebungen führen, wie Globalisierung und Demografie. Die Globalisierung eröffnet jedem einen größeren und erreichbaren Markt. Die demografische Entwicklung bedeutet nicht automatisch, dass wir es mit einer längeren Phase der Gebrechlichkeit zu tun haben, sondern diese wird sich weiter nach hinten verschieben. Die neue Generation 60/90 wird bis ins hohe Alter sehr aktiv sein. Wir haben es bei beiden Phänomenen mit zwei gewichtigen Wirtschaftstrends der Zukunft zu tun.

- *Innovationen und Entwicklungen,* die die Angebotsstruktur in der Wirtschaft verändern, wie Nano- und Biotechnologie, Umwelttechnologie, Gentechnologie oder „ganzheitliche Gesundheit". Ermöglicht wird dies durch die neue Fähigkeit, kleinste Strukturen in der Mikrowelt zu analysieren und neue Erkenntnisse daraus zu gewinnen. Parallel dazu werden riesige neue Märkte von Ultraniedrigpreis-Produkten entstehen.

Diese sogenannten Megatrends und Basisinnovationen haben das Potenzial zu einer ökonomischen, politischen sowie gesamtgesellschaftlichen Einflussnahme und können neue Produktivitätsschübe in mehreren Wirtschaftsbereichen auslösen. Der Bereich der kleinsten Strukturen, mit den Sektoren Nano- und Biotechnologie, kann in Zukunft dabei den Ausschlag geben.

Typisch für eine solche Zeit ist es auch, dass zu viel gleichzeitig geschieht, so dass der Einzelne nicht mehr alles überblicken kann. Auch kann niemand mehr alles verstehen und meist auch nicht, warum etwas gerade zu dem Zeitpunkt passiert, an dem es passiert. Die Unsicherheit nimmt auf breiter Front in allen Bereichen des politischen, gesellschaftlichen und wirtschaftlichen Lebens zu. Die Gesellschaft insgesamt und die Entwicklungen für sich gesehen werden sich weiter beschleunigen.

Die daraus resultierenden und notwendigen Veränderungen in Unternehmen und im Management zum Beispiel brauchen allerdings mehr Zeit und eine längerfristige Ausrichtung als bis zum nächsten Bilanzstichtag oder bis zur nächsten Pressekonferenz vor Analysten. Sie brauchen mehr Einfallsreichtum und Kreativität als eine reine Kostenorientierung oder Deal-Maker-Mentalität, wie wir sie oft antreffen. Sie brauchen mehr Innovationskraft und -fähigkeit als übliche Verbesserungen an dieser oder jener Stelle. Dafür sind sie aber auch auf Langfristigkeit und verantwortungsbewusstes Handeln ausgerichtet, erhöhen die Beweglichkeit einer Organisation, ermöglichen eine innovativere Leistungsfähigkeit und sichern langfristig das Überleben und Wohlergehen von Organisationen und Gesellschaften.

Notwendig dazu ist eine neue Form der Zusammenarbeit, eine neue Form des Miteinander, eine neue Führungs- und Verantwortungskultur, die Abschied nimmt von der herrschenden Top-Down-Kultur. Themen werden stärker in ihrem Zusammenhang und in ihrer Verflechtung zu sehen sein, da sie in hohem Maße miteinander verknüpft sind. Diese neue Form des Miteinander lässt veraltetes Denken, das oft genug die Einsicht in komplexe Zusammenhänge verhindert, hinter sich und greift neues Denken und Handeln als Chance auf. Intelligente Netzwerke werden zur neuen Infrastruktur für Gesellschaft, Wirtschaft, Kommunikation und Transaktion. Die Schlagworte dazu heißen: kompetent – digitalisiert – vernetzt – intelligent – kommunikativ. Diese neue Form des Miteinander ist der Leitgedanke des vorliegenden Buches. Er wird sich im neuen Kondratieff-Zyklus mit Lebensqualität, psychosozialer Kompetenz sowie Ressourcen- und Energieproduktivität manifestieren. Das Ergebnis könnte eine intelligentere Welt sein, die reicher ist an Möglichkeiten als bisher und die auf einem Miteinander beruht.

Deshalb steht im Mittelpunkt ein Führungsverhalten, das eine freie Entfaltung und Entwicklung der vorhandenen Potenziale zulässt, das die vorhandene biologische, soziale und personale Vielfalt wahrnimmt und einen neuen Umgang damit erlernt. Es geht also um die Fähigkeit und Bereitschaft, andere Menschen zu entwickeln und zu fördern, statt sie zu kanalisieren und sie durch eingeengte Entscheidungs- und Handlungsspielräume in einer gewissen Abhängigkeit zu halten. Und genau dies brauchen wir für die großen Herausforderungen in dieser Dekade. Letztlich geht es auch um die Vielfalt in der Talententwicklung, da wir die Energien und Ressourcen, die sich dahinter verbergen, nicht länger brachliegen lassen können.

Daraus resultiert eine neue Rolle der Führungskraft in einem flexiblen, kreativen und innovativen Unternehmen. Dahinter steht der Leitgedanke: Warum sollten wir nicht bessere und vor allem sinnvollere Denk-

und Handlungsmuster sowie Vorgehensweisen finden können als die bisherigen und eingefahrenen in der gepflegten Top-Down-Kultur? Diese könnten dann auch besser ausgerichtet werden auf die schwierigeren, unüberschaubareren und komplexeren Herausforderungen eines zukunftstauglichen politischen und wirtschaftlichen Systems.

Ich möchte Sie also mitnehmen auf eine spannende Reise zu einer Erneuerung von Organisationen, Unternehmen und Systemen, eine Erneuerung, die sich konzentriert auf die Vielfalt der vorhandenen Energien, Ressourcen und Möglichkeiten, die schließlich aus dieser vorhandenen Vielfalt neue Stärken und Fähigkeiten entdeckt und diese dann als Chancen konkret nutzen und in eine Selbsterneuerung überführen kann.

Bisher treffen wir in vielen Bereichen immer noch auf eine mehr oder weniger ausgeprägte Reparaturmentalität, in den politischen Entscheidungsgremien, in den Unternehmen und im Management. Pläne sind oft überholt, ehe ihre Umsetzung angegangen wird. Statt der notwendigen totalen Neuorientierung wird nur an dem Vorgegebenen herumrepariert, um noch einmal über die Runden zu kommen. Viele Organisationen und Unternehmen werden sozusagen mit dem Blick in den Rückspiegel geführt. Meist wird erst dann etwas geändert, wenn man sieht, was angerichtet wurde oder welches Stopp-Zeichen man gerade überfahren hat. Zum Anstoß einer grundlegenden Änderung bedarf es zu häufig erst einer Krise (wie auch die Katastrophe von Fukushima oder die Finanzkrise zeigt), ehe etwas unternommen wird.

Dies muss aber nicht so sein. Das Management von Veränderungen wird eine der größten Herausforderungen, denen sich Führungskräfte täglich und permanent werden stellen müssen. Die Veränderungsfähigkeit und -tauglichkeit wird zur wichtigsten Eigenschaft.

Und es zeigt sich immer wieder, dass in den Köpfen der Menschen Ideen und kreative Vorstellungen in ungeahnter Fülle schlummern. Diese Vielfalt wartet nur darauf, abgerufen und in konkrete Aktionen umgesetzt zu werden. Die sich daraus ergebenden Chancen sollten wir aufgreifen und nutzen. Dann können wir getrost das Ziel einer ständigen und konsequent gelebten Erneuerung angehen, die unsere Gesellschaft, Unternehmen, Management und Mitarbeiter für künftige Aufgaben trainiert und fit macht, die eine bessere mentale Ausgangsbasis schafft, um die drängenden Herausforderungen in Wirtschaft, Politik und Gesellschaft aktiv und lösungsorientiert anzupacken.

Die Kunst des menschlichen Denkens beruht auf der erstaunlichen Fähigkeit des Geistes, etwas zu schaffen, das rational nicht vorhersehbar ist. So können wir auch die Ergebnisse einer Selbsterneuerung durch Miteinander rational nicht planen und vorhersehen. Aber eines wissen wir genau: Die Potenziale, die durch eine solche Selbsterneuerung freigesetzt werden können, sind unvorstellbar. Nur, auch der längste Weg beginnt mit dem ersten Schritt dorthin. Und zu diesem ersten Schritt möchte dieses Buch beitragen. So kann uns ein umfassender und nachhaltiger Turnaround hin zur Nachhaltigkeit und zu mehr Verantwortungsbewusstsein gelingen, indem wir auch den Kulturbruch, nämlich weg von der Top-Down-Kultur, dahin wagen.

# 2 Warum wir andere Denkmuster brauchen

*„Eine Gewohnheit anzunehmen*
*ist leicht,*
*mit einer Gewohnheit*
*zu brechen*
*ist dagegen*
*eine heroische Leistung."*

*Arthur Koestler*

Das laufende Jahrhundert wird ein Jahrhundert sein, in dem sich auf breiter Front die Schwerpunkte von der bisher noch oft im Vordergrund stehenden Hardware auf die Software verlagern. Geisteskraft, Kreativität, Wissen, Können und eine umfassende Intelligenz werden die entscheidende Rolle spielen bei allen politischen, gesellschaftlichen und wirtschaftlichen Herausforderungen und Entwicklungen.

Sowohl Politik und Gesellschaft als auch Wirtschaft und Unternehmen verlangen vehement nach interaktiven Konzepten, nach Austausch von Wissen und Know-how, nach Überwindung der Nachteile bisheriger Spezialisierungen, nach Zurückdrängen von Partikularismus und Abgrenzungen, nach Überschreitung enger Bereichs- und Expertengrenzen, nach Berücksichtigung gesamtheitlicher Fragestellungen und gesamtgesellschaftlicher Probleme, nach ganzheitlicher Betrachtungsweise der Zukunftsherausforderungen und -aufgaben, nach nachhaltiger Ausrichtung unseres Handelns, nach stärkerer Berücksichtigung der Vielfalt sowie nach besserer Nutzung der zur Verfügung stehenden Energien und Ressourcen, und zwar im weitesten Sinne.

Dahinter steht eine Entwicklung, die geprägt wird durch eine zunehmende globale Wettbewerbsintensität, einen hohen Innovationsrhythmus, weitverbreitete strategische Unsicherheiten, unwägbar gewordene Risiken, widersprüchliche Vorstellungen und Anforderungen, drastisch verkürzte Planungs- und Handlungshorizonte sowie durch eine starke

Zunahme an Instabilität, Unvorhersehbarkeit und Verunsicherung. Dahinter steht nicht zuletzt auch die rasante Entwicklung der Technologien, vor allem der Mikroelektronik, der Informationstechnologie, der Nanotechnologie, der Molekularbiologie oder der Gentechnologie. Diese geht einher mit dem Verschwinden der bisherigen Grenzen in den einzelnen Disziplinen, wodurch neue Sichtweisen und Erkenntnisse möglich werden. Als Beispiel wurde schon der Blick in die Struktur der kleinsten Teile in der Mikrowelt genannt, die uns bisher unvorstellbare neue Möglichkeiten eröffnet.

Soziale, politische, ökonomische, technologische und ökologische Faktoren werden sich gegenseitig immer stärker beeinflussen. Sie sind immer enger miteinander verflochten. Dadurch erzeugen sie ein hohes Ausmaß an Veränderungsintensität und Veränderungszwang. Diese werden sämtliche Lebensbereiche durchdringen und hohe Anforderungen an unsere Wandlungs-, Lern- und Erneuerungsfähigkeit stellen. Mit anderen Worten: Das wirtschaftliche, gesellschaftliche, politische und globale Umfeld ist für Unternehmen und Management nicht nur instabil geworden, sondern wird in Zukunft noch unberechenbarer, unvorhersehbarer und unkalkulierbarer sein als bisher.

Es lassen sich allerdings bei vielen der gegenwärtigen Entwicklungen, Trends und Veränderungen eine gemeinsame Richtung und gemeinsame Faktoren ausmachen:

– Da müssen Feindbilder abgebaut werden. Denn in enger werdenden Märkten mit härterem Wettbewerb kann nur ein Miteinander aller im Unternehmen zum Erfolg führen. Die bisher oft anzutreffenden internen Gerangel, Konkurrenzkämpfe, Abschottungsrituale und Intrigen binden zu viele Ressourcen und Energien. Sie werden mit ihren zwangsläufigen Reibungsverlusten zu teuer und schmälern unnötig die Produktivität. Die dadurch verursachten und nicht mehr zu rechtfertigenden Kosten können nicht länger über den am Markt zu erzielenden Preis hereingeholt werden.

– Da existieren Gegensätze neben- und miteinander, innerhalb und außerhalb der Grenzen von Organisationen, Unternehmen, Gesellschaften und Nationen. Das betrifft vor allem die angewandten Methoden oder Rezepte, die je nach Situation ganz anders aussehen können, die aber alle in einem künftigen Verhaltensreservoir vorhanden sein sollten. Aber auch die verschiedenen Fachrichtungen und Spezialdisziplinen werden in einer Koexistenz zusammenfinden, ohne ihre Identität aufzugeben. Jeder lebt in einer eigenen, hochspezialisierten Fachwelt mit eigenem, hochspezialisiertem Wissen. Diese Gegensätze synergetisch zusammenzuführen und sie auf ein Ziel hin ausrichten, dies wird zu einer der entscheidenden Herausforderungen.

- Da werden Hierarchien aufgelöst und überkommene Strukturen abgelegt. Die Notwendigkeit zum schnellen und flexiblen Handeln entlarvt immer stärker die Ineffizienz ausgefeilter Hierarchien, festgelegter, meist verkrusteter Strukturen, lange gepflegter Statusgehabe und überholter Kompetenzabgrenzungen. Althergebrachte Führungsmuster sind kontraproduktiv und stören beim notwendigen Veränderungsprozess. Ein Abbau ist deshalb geradezu notwendig, denn viele der akuten Probleme sind in Wirklichkeit ein tiefer greifendes Strukturproblem.

- Da werden überholte Denkweisen und Verhaltensrituale in neuen Situationen nicht mehr praktikabel. So passen viele Handlungsweisen und Ausrichtungen nicht mehr auf veränderte Markt-, Wettbewerbs- und Kundenerfordernisse. Ein gutes Beispiel finden wir etwa im Marketing, wo die klassischen Rezepte nicht mehr den erwarteten Erfolg bringen, weil die Kommunikation nicht stimmt, erst gar nicht stattfindet oder überhaupt stattfinden kann. Aber auch ein strikt funktionales Denken ist mehr und mehr ungeeignet für den erfolgreichen Umgang mit einer zunehmenden Komplexität.

- Da führt ein nicht zeitgemäßes Führungsverhalten zu schlechter Leistung, Demotivation, innerer Emigration und Resignation oder auch Politikverdrossenheit. Hier sei nur ein auf Anordnung ausgerichtetes und autoritäres Führungsverhalten erwähnt, dass Mitarbeiter, die ihr gesamtes Arbeitsfeld selbst organisieren – und dies wird in Zukunft Normalität sein –, nicht mehr erreichen kann und so auch zur Einschränkung, ja Behinderung der Leistungsfähigkeit insgesamt führt. Damit werden Unproduktivitäten festgeschrieben und weitergeführt.

- Da werden Kompetenzen gefordert, die weit über die landläufigen Fach- oder auch Führungskompetenzen hinausgehen. Denn bei immer umfassenderen und komplexeren Aufgaben und Herausforderungen ist mehr Kommunikation, mehr Austausch und mehr kommunikative Interaktion erforderlich. Die Menschen werden sich niemals nur per Computer, per E-Mail oder SMS verständigen. Sie werden sich immer einem menschlichen Urbedürfnis folgend direkt austauschen und miteinander kommunizieren wollen. Und dies wird auch bei komplexen Aufgaben immer wichtig und notwendig sein.

- Da werden neue Ziele und Visionen möglich, die von verschiedensten Einflussfaktoren und Erfahrungswerten inspiriert werden, die mehr sind als bisherige Modelle, mehr als übliche Prognosen. Mit und in ihnen wird Zukunft innovativ erlebbar. Vor allem die technischen Entwicklungen und die Erkenntnisse aus der Mikrowelt der kleinsten Strukturen machen zum Beispiel Produkte, Produktionsweisen und Anwendungen möglich, die wir uns bisher nicht vorstellen konnten. Genauso wird ein Miteinander zu ganz neuen Arbeitsweisen in Politik, Wirtschaft und Gesellschaft führen, die wir bisher nicht kannten und deshalb auch nicht anwenden konnten.

Wenn wir also unsere Zukunft aktiv gestalten und uns nicht von den Ereignissen, ganz gleich welcher Art, überrollen lassen wollen, dann brauchen wir andere Denk- und Handlungsmuster, die geprägt werden von Mitdenken, Mitreden, Mitentscheiden, Mithandeln, Mitteilen, von Mitgestalten, Mitarbeiten, Mitwirken, Mitsteuern, Mitmachen, von Mitverantworten, Mitfühlen, Miteinbringen, Mitwissen und Mitdabeisein.

## Den Austausch suchen und finden

Die gemeinsame Richtung dieser neuen Bestrebungen kann in einem Zurückdrängen von Gegensätzen und künstlichen Trennungen sowie einer stärkeren Hinwendung und dem Bewusstsein zum Miteinander ausgemacht werden. Lebendig sein und bleiben heißt dabei, einen adäquaten Austausch zu finden zwischen Gegensätzen, zwischen Spannung und Entspannung, zwischen Lernen und Entlernen, zwischen Fortschreiten und Innehalten, zwischen Schnelligkeit und Gelassenheit, zwischen

Mensch und Natur, zwischen oben und unten, zwischen Führung und Mitarbeiter, zwischen intern und extern, zwischen Unternehmen und Kunde, zwischen Planung und Spontaneität, zwischen Logik und Intuition, zwischen analytisch und emotional, zwischen linear und ganzheitlich, zwischen einfach und komplex ...

Die Art zu denken und zu handeln wird also in Zukunft den Erfolg jeglichen Tuns bestimmen, in der Politik, in der Wirtschaft, in den sozialen Systemen, in den Unternehmen und besonders im Management. Es wird mehr und mehr darauf ankommen, die Flexibilität, Innovationskraft und innovative Kompetenz und damit die Leistungsfähigkeit unserer Organisationen zu stärken und zu unterstützen.

In der Vergangenheit konnte sich Führung noch darauf berufen, die überschaubare materielle Ebene zu managen. Die Industriegesellschaft konzentrierte sich darauf, die Arbeit als solche produktiver zu gestalten. Spätestens seit der Jahrtausendwende ist aber die Zeit gekommen, in der reproduzierbare Modelle, wie sie für die manuelle Arbeit des Industriezeitalters vielleicht sinnvoll waren, keine Gültigkeit mehr haben. Die Zeit ist gekommen, alte Grundsätze zu überprüfen und gegebenenfalls ad acta zu legen und sich neuen Prinzipien, neuen Realitäten und neuen Gegebenheiten zuzuwenden. Denn wir werden es in Zukunft nicht mehr mit den herkömmlichen Ressourcen in Form von Rohstoffen, Arbeit oder Kapital zu tun haben, wir werden nicht mehr die Produktivität mit der vielfach ausgereizten Informationstechnologie erheblich verbessern können, sondern wir werden die Ressourcen Wissen, Können, Kompetenz, Fähigkeit, Kreativität und Intelligenz, also immaterielle Werte, die immer mit dem Menschen zu tun haben, optimal entwickeln, einsetzen und managen müssen.

Die Aufgabe heißt konkret: Wie können wir die Produktivität der Nutzung und Anwendung von Wissen und Können erhöhen? Wie können wir Wissen und Können effizient und nutzbringend einsetzen und in „Gewusst-wie-Strategien" umsetzen? Wie können wir ein kreativitäts- und innovationsfreundliches Klima in Gesellschaft, Politik und Wirtschaft schaffen? Und wie können wir schließlich die Energie- und Ressourcenproduktivität (Wissen und Können sowie Kompetenz und Kreativität) mit neuem Wissen so ausrichten, dass diese umfassend und global gesehen Nutzen stiftet.

Diese Aufgabe wird deshalb umso dringlicher, weil Information, Wissen, Know-how, Kreativität, Fähigkeit, Intelligenz und interaktives Miteinander zu den Schlüsselfaktoren in der künftigen Wissensgesellschaft und Netzwerkökonomie werden. Und deshalb bedarf es eines anderen Managementverständnisses, wenn hochqualifizierte Mitarbeiter nicht nur in ihrem Spezialgebiet Top-Managern überlegen sind, sondern wenn diese auch für ihren eigenen Verantwortungsbereich die gleichen Führungsqualifikationen mitbringen wie die Top-Ebene. Deshalb müssen wir aber auch eine völlige Umorientierung im Management und Führungsverständnis in Gang setzen, eine Rückbesinnung auf die grundlegende Ausrichtung und die Legitimation (Sinnfrage) eines Unternehmens, auf die eigentliche Unternehmensstrategie und die Erfolgsfaktoren sowie auf eine nachhaltige, langfristig orientierte und verantwortungsbewusste Arbeitsweise, die ganzheitlicher ausgerichtet sein muss als bisher.

## Einfache Rezepte greifen nicht mehr

Eines sei aber an dieser Stelle bereits vorweggenommen: Diejenigen, die auf schwierige und komplexe Fragen und Herausforderungen einfache, lineare Antworten erwarten, werden schon zu Beginn dieses Buches enttäuscht. Denn wir können in Zukunft den Herausforderungen nicht mehr mit einfachen Rezepten und Antworten gerecht werden. Für eine verantwortungsvolle Gestaltung der Zukunft in Gesellschaft und Wirtschaft werden aber in den folgenden Kapiteln Orientierungen für ein richtungweisendes, langfristig orientiertes und nachhaltiges Denken und Handeln geboten, die uns als Basis für das Wirtschaften und Arbeiten im sechsten Kondratieff-Zyklus dienen können.

Drei Fragenkomplexe tauchen deshalb immer wieder auf. Sie betreffen vor allem den Umgang miteinander, künftige Führungs-Qualifikationen, die Einbindung der Menschen in Zukunftsentwürfe und -planungen und die Veränderungs- und Erneuerungsfähigkeit unserer Unternehmen, unserer Organisationen, unserer Wirtschaft und unserer Gesellschaft.

## 1. Fragenkomplex

Menschen sind nicht nur die wichtigste, sondern auch die bei weitem teuerste Ressource. Erfolgreiche Zusammenarbeit ist in erster Linie das Ergebnis gekonnter Führung. Hat das Management in vielen Fällen gerade deshalb versagt, weil es diese teuerste Ressource falsch oder nicht optimal eingesetzt hat? Müsste es in den Führungsetagen nicht einen Alarm auslösen, wenn in der jüngsten Global Workforce Studie von Towers Watson erschreckend viele der Befragten angeben, dass sie sich vom Management daran gehindert fühlen, ihren Job gut zu machen?

Ist der Grund für diesen falschen Einsatz in einer falschen Denkhaltung und damit in einem das Ziel verfehlenden Handeln zu suchen? Hat sich dadurch die Erkenntnis, dass sich gutes Personalmanagement messbar auszahlt, nur unzureichend durchgesetzt? Haben wir diese zukunftsweisende Aufgabe des Personalmanagements bisher zu wenig wahrgenommen und vernachlässigt? Haben wir überhaupt das Klima und die Kultur in unseren Unternehmen und Organisationen geschaffen, um die Ressource Mensch voll zur Entfaltung bringen zu können? Oder welche Arbeitskultur und welche Werteorientierung sind notwendig um die vorhandene Vielfalt wirklich nutzen zu können?

## 2. Fragenkomplex

Die Methoden und Gedanken von Adam Smith, Frederick Winslow Taylor und Henry Ford prägen bis heute unsere Unternehmen. Unser traditionelles, im Taylorismus verankerte Managementverständnis betrachtet Unternehmen immer noch als funktionierende Maschinen, die man bei Störungen nur zu ölen (reparieren) braucht, damit sie wieder laufen.

Als Vorbilder für Gesellschaft und Wirtschaft galten vor allem militärische Strukturen und Vorgehensweisen, die auf Unternehmen und Organisationen übertragen wurden. Ganz deutlich lässt sich dies auch an der Sprache feststellen. Man spricht von strategischer Überlegenheit, Kampf im Wettbewerb, Kampf ums Überleben, Machtstellung oder Siegen. Dies hat die hierarchischen Strukturen hervorgebracht, die meist einem Denken verhaftet sind, das unserer eingefleischten linearen und in Gegensatzpaaren denkenden Logik, einem mechanistisch vereinfachenden Grundzug, einem Entweder-oder-Denken entspringt. Früher hatten die Führungshierarchien vielleicht ihre Berechtigung, heute wissen wir aber, dass dadurch Innovationen eher verhindert als gefördert werden, dass sie insgesamt eher kontraproduktiv sind.

Liegen nicht genau darin die Ursachen für den vielfach beklagten Mangel an Innovations- und Erneuerungsfähigkeit sowie an Kreativität? Können unsere Unternehmen und unsere Gesellschaft mit einer solchen Funktions- und Reparaturmentalität überhaupt überleben? Muss es nicht Ziel der Führung sein, Menschen in ihrer ganzen Persönlichkeit zu integrieren und nicht bloß als Rad in der Maschinerie der jeweiligen Organisation? Kann der bislang gepflegte tayloristische Dirigismus mit dem gestiegenen Wunsch nach Autonomie, nach Selbstentfaltung und Selbstverwirklichung, nach Mitgestaltung und Mitverantwortung sowie nach Orientierung und Sinn überhaupt Schritt halten? Ist dieser Dirigismus nicht denkbar schlecht geeignet, um mit Komplexität, Unsicherheit und Unvorhersehbarkeit umzugehen?

Wenn wir also aus der Ecke der Unbeweglichkeit, in die wir uns oft selbst manövrieren, herauskommen wollen, müssen wir dann nicht bislang gültige Normen, Wertvorstellungen und Zielsetzungen neu definieren und nicht weiter als unumstößlich betrachten, besonders auch, was die veränderten Wertvorstellungen und Zielsetzungen, zum Beispiel Eigenverantwortung, Selbstorganisation, Selbstverwirklichung, Verantwortungsbereitschaft und Nachhaltigkeit betrifft? Müssen wir dazu nicht einen echten Kulturbruch wagen?

## 3. Fragenkomplex

Wir brauchen andere und tragfähige Visionen und Ziele, die herausfordernd genug sein müssen, aber dennoch für den Einzelnen erreichbar und realisierbar erscheinen.

Besteht nicht überall die Gefahr, dass wir unsere Leistungen und Fähigkeiten allzu sehr dem rationalen Denken unterordnen und damit einen großen Teil menschlicher Potenziale wie Inspiration, Gefühle, Emotionen, ganzheitliche Wahrnehmung, intuitives Verstehen, Visionen oder Ähnliches ignorieren? Genau diese Fähigkeiten und die damit verbundene Vielfalt werden wir aber für die notwendigen Zukunftsinnovationen benötigen. Denn jeder Mitarbeiter, der sich seiner persönlichen Entwicklung verpflichtet fühlt, wird zu einer stärkeren Energie- und Ressourcenquelle für das Unternehmen, in dem er tätig ist. Er verstärkt das kollektive Energiefeld des Unternehmens. Er wird seine Einzigartigkeit entfalten und damit zur Einzigartigkeit des Unternehmens beitragen. So kann zum Beispiel die Energie- und Ressourcenproduktivität (Einsatz von Wissen, Können und Fähigkeiten), wie sie hier verstanden wird, in einem Unternehmen enorm gesteigert werden.

Heute können vielfach brachliegende Reserven bei den Menschen nicht mobilisiert werden und nicht zu neuen Impulsen führen. Kann also die Wirtschaft in einer Zeit, in der Innovationskompetenz und Innovationsgeschwindigkeit sowie flexibles Reagieren auf Veränderungen wesentliche Wettbewerbs- und Erfolgsfaktoren sind, überhaupt auf diese schlummernden und ungenutzten Ressourcen, Energien und Erfahrungen - zum Beispiel auch der Älteren - verzichten? Brauchen wir hier nicht ein neu verstandenes Management der Energie- und Ressourcenproduktivität? Haben wir uns nicht selbst in eine Sackgasse manövriert, deren negative Folgen wir allmählich nicht nur in der Wirtschaft, sondern auch in der Politik und den sozialen Systemen immer stärker spüren?

Die Herausforderungen, denen wir uns stellen müssen, lassen sich auf einen relativ einfachen Nenner bringen: Wir müssen die kritische Masse auf der mentalen Ebene, also in unserem Denken und Fühlen, erreichen, das heißt: Wir sind in unseren Köpfen noch nicht auf die neuen Herausforderungen eingestellt. Wir brauchen einen durchgreifenden mentalen Wandel, um mit den neuen Gegebenheiten, neuen Erkenntnissen und Werkzeugen, die uns in den nächsten Jahren die vielfachen neuen Möglichkeiten zur Verfügung stellen werden, zurechtzukommen.

## Neue Denkstrukturen schaffen und erlernen

Ein umfassendes, bisherige Grenzen überschreitendes Konzept zur totalen Mobilisierung der überall schlummernden Kreativitäts- und Ressourcenpotenziale ist seit langem überfällig.

Wenn Manager verkrampft ihren Aufgaben nachgehen, verschiedenen, oft unkreativen Routineaufgaben nachhängen, bei vielen Gelegenheiten gestresst wirken und dies auch noch als anerkennenswerte Besonderheit, ja Leistung, pflegen, wenn sie dadurch selbst eher zum Verhinderer statt zum Förderer werden, wenn sie mit Ängsten auf problembehaftete Situationen zugehen und wenn sie schließlich eine Atmosphäre der Repression, des Ausgeliefertseins und der Macht verbreiten und leben, ist dies schlicht nicht mehr zukunftstauglich. Ja, es ist unmissverständlich zu den auslaufenden Modellen eines überholten Management- und Führungsverständnisses zu zählen und hat oft genug zum Scheitern vieler groß propagierter Unternehmenszusammenschlüsse der vergangenen zwei Jahrzehnte geführt.

Gewarnt sei aber auch vor dem anderen Extrem, dem ständig lässig wirkenden, von keinem Problem wirklich berührten und kaum einer Aufgabe sich wirklich hingebenden Typus, der oft nur vorgibt, die Dinge im Griff zu haben. In Wirklichkeit lässt er die meisten Dinge einfach laufen und versucht, sie möglichst nicht an sich herankommen zu lassen oder nur den eigenen Vorteil im Auge zu behalten und schadlos über die Runden zu kommen.

Unternehmer und Manager sollten für die Zukunft den Sprung vom Herrschaftsdenken zum Partnerschaftsdenken, von der Konkurrenz zur Kooperation, vom Gegeneinander zum Miteinander wagen. Es geht um die Frage, ob wir bereit und fähig sind, umzudenken, ob wir flexibel genug sind, mit den Veränderungen fertig zu werden, und ob wir kreativ genug sind, Veränderungen positiv als Chance zu nutzen, ob wir wirklich in der Lage sind, Wandel und Veränderungen als Herausforderung lieben zu lernen und den dazu notwendigen Kulturbruch anzugehen.

Wenn wir unser Denken und Handeln im Management so sehen und ausrichten, dann haben wir einen wichtigen Schritt in Richtung Zukunftsfähigkeit getan. Dann können die hier gelieferten Anregungen und Erfahrungen aus vielen Situationen, Begegnungen und Gesprächen konkrete Hilfestellungen, Orientierungen und Richtlinien für ein zukunftsorientiertes Management liefern. Es geht dabei vor allem um ein Bewusstmachen und ein anderes Bewusstsein, das notwendige Bedingung für eine mentale Veränderung in Richtung Entfaltung, Miteinander, Verantwortung und Nachhaltigkeit ist.

Wenn also, wie beispielsweise die Chaosforschung uns anschaulich zeigt, die winzige Veränderung eines Anfangswertes zu großen Auswirkungen und Veränderungen an anderer Stelle oder auf einem anderen Gebiet führen kann (Als Beispiel wird immer wieder der Schmetterling genannt, der durch seinen Flügelschlag beim Aufsteigen im brasilianischen Urwald einen Orkan auf einem anderen Kontinent auslösen kann), dann wünsche ich mir, dass mit diesem Buch diese kleine Veränderung (im Sinne der Chaosforschung) in unserer Wahrnehmung der Herausforderungen und im Bewusstsein bei unseren Handlungen und Verhaltensweisen angestoßen wird.

Denn nach den Erkenntnissen der Chaosforschung können bereits sehr kleine und kaum wahrnehmbare Veränderungen gewaltige, aber auch großartige Konsequenzen nach sich ziehen. Und in einer Welt, die immer komplexer wird, die nicht-linear und in ihren Abläufen immer chaotischer erscheinen mag, können wir nicht warten, bis die Zeit uns die neuen Ziele und Wege zeigt. Wir müssen uns diese selbst setzen und auch anpacken.

Dabei sollen die Vielfältigkeit der Menschen und die Individualität des Einzelnen nicht in eine Schablone gezwängt werden. Vielmehr sollen für das sich dahinter verbergende und in jedem schlummernde Potenzial Wege und Möglichkeiten zur Entfaltung aufgezeigt werden. Es wird in Zukunft weniger um eine technische, ökonomische oder organisatorische Herausforderung gehen, auf die wir mit den uns bekannten und bewährten Techniken und Rezepturen antworten können. Es wird vielmehr um eine geistige, kreative, innovative, kulturelle, soziale und kommunikative Herausforderung gehen. Diese erfordert aber auch andere Antworten als bisher, sie erfordert ein anderes, verantwortungsbewusstes Verhalten und ein anspruchsvolleres Führungsverständnis.

Und es überrascht immer noch viele Menschen, welche erstaunlichen Ergebnisse erzielt werden können, wenn wir zum Beispiel die Entscheidungskompetenz dorthin verlagern, wo auch die Sachkompetenz vorhanden ist, wenn wir also ein kompromissloses Miteinander von Entscheidungs- und Sachkompetenz endlich wagen. Denn hier ist jedes Gegeneinander, jeder faule Kompromiss und jeder nur halb vorgenommene Schritt eher schädlich als nützlich für das Unternehmen. Und die Ergebnisse, die sich direkt einstellen, sind verblüffend.

# 3 Die 24-Stunden-Gesellschaft – Das Erleben eines anderen Zeitbewusstseins

*„Wenn wir Zeit empfinden und erleben,*
*dann erleben wir nicht Zeit,*
*sondern wir erleben Veränderungen,*
*in uns und um uns herum.*
*Diese Veränderungen erfahren wir,*
*je nach individueller Disposition,*
*als langsam, zu langsam, schnell oder zu schnell."*

*Karlheinz A. Geißler*

In unserer Welt ist alles, was wir sehen, wahrnehmen, tun oder veranlassen, Prozesse des ständigen Fortschreitens, der ständigen Bewegung und des Veränderns unterworfen. Panta rhei! Vom griechischen Philosophen Heraklit, der den ewigen Wandel der Dinge lehrte, stammt der Ausspruch: „Alles fließt". Und im Taoismus ist nur das Fließende, sich Bewegende normal, alles Stabile ist anormal. Das, was fließt, erzeugt sich selbst.

Wandel und Veränderung sind also eine Grundgegebenheit unseres menschlichen Daseins, eine Bedingung für unser Leben und Handeln. Wandel geschieht, ob wir ihn wollen oder nicht. Wandel vollzieht sich auf allen Ebenen, zu allen Zeiten und in allen Bereichen unseres Lebens. Niemand kann sich den Veränderungen entziehen, die der Wandel auslöst und bewirkt. Wir leben in einer hochkomplexen und immer unüberschaubarer werdenden Welt, deren Verflechtungs- und Vernetzungsgrad alles bislang in der Menschheitsgeschichte Dagewesene in den Schatten stellt. Denken wir nur einmal an die Möglichkeiten, die uns die Informations- und Kommunikationstechnologie oder der gerade erst begonnene Schritt in die Welt der Mikrostrukturen mit ihren neuen Erkenntnissen eröffnen.

# Beschleunigung, das beherrschende Kennzeichen unserer Zeit

Alles wandelt sich immer schneller, während alles zugleich immer fragmentierter und komplexer wird. Angesichts dieser weltweit zunehmenden Komplexität und Vernetzung gibt es auch keine klar definierbaren und allgemein gültigen Entwicklungstrends mehr. Der gerade gültige Trend von heute kann schon morgen auf der Müllhalde der Zeit und der Entwicklung landen.

Den signifikantesten Unterschied zwischen der vormodernen Welt und dem Heute markiert die Beschleunigung. Sie bildet den Kern aller unserer Erfahrungen und Befindlichkeiten. Sie wurde nicht zuletzt durch die Informationstechnologie und die damit verbundene globale Vernetzung noch verstärkt.

Wenn alles schneller geschieht, wenn wir immer größere Räume in immer kürzeren Zeiteinheiten überwinden, wenn die Distanzen schrumpfen, wenn immer mehr Informationen, Bilder und Reize in immer kürzeren Intervallen auf uns einwirken, bedeutet dies vor allem: Unsere Reizökonomie gerät außer Rand und Band. Die Innovationsrate, sprich die Neuerungen: Töne, Bilder, Gerüche, Landschaften, Menschen, Meinungen, Gebäude, Gegenstände, ja Gefühle, welche pro Zeiteinheit auf uns einwirken, wachsen ins Unermessliche an. Sie sind geistig und emotional nicht mehr abzuarbeiten und lassen uns daher kalt, das heißt, wir lassen sie schon nach flüchtigster Begegnung wieder fallen und eilen weiter.

Wir kennen diese immer mehr um sich greifenden Phänomene der 24-Stunden-Gesellschaft, in der es keinen Platz mehr für ein Innehalten gibt, die keine Pausen mehr kennt oder zulässt und ohne Unterlass ein vermeintliches Ereignis an das andere reiht, ständig nach neuer Aufmerksamkeit heischend. Und immer stellt sich die Frage, wie wir selbst mit unserer Zeit umgehen, wie wir Zeit gestalten und ausfüllen. Die Informationstechnologie hat dieses Phänomen noch verstärkt. Smartphone, SMS, i-Phone und Co. stehen dafür, jederzeit an allem teilhaben zu können, Tag und Nacht für jeden und alles erreichbar zu sein. Im

Arbeitsalltag schleicht sich mehr und mehr ein „Gleichzeitigkeitswahn" ein, und schon wird Multitasking zum Mythos erhoben.

Der Computer scheint es uns ja vorzumachen und tut so, wie Kommunikations-Expertin Miriam Meckel, Professorin an der Universität St. Gallen, feststellt, „als ob er parallel an vielen Dingen gleichzeitig arbeiten würde." „Unser Gehirn aber", so warnt Meckel, „kann dies nicht." Wir können mehrere Dinge nicht gleichzeitig tun, sondern nur sehr schnell im raschen Wechsel nacheinander machen.

Aber je schneller wir zwischen verschiedenen Aufgaben wechseln, desto mehr Zeit brauchen wir zur Erledigung der einzelnen Aufgaben. Durch Multitasking wird, wie jüngste Untersuchungen belegen, die Leistungsfähigkeit nicht gefördert, sondern insgesamt beeinträchtigt. In ihrem Buch „Das Glück der Unerreichbarkeit" zeigt Meckel, dass es Wege aus der Kommunikationsfalle gibt, wenn wir mit den Dingen wieder im normalen Rahmen umgehen und einmal den Mut zur Nichterreichbarkeit aufbringen. Es kommt auch entscheidend darauf an, dass wir unterscheiden lernen zwischen der Verpflichtungszeit, in der wir für andere erreichbar sind und nicht selbst entscheiden, was wir tun, und der Erlebniszeit, die wir überwiegend selbstbestimmt verbringen und frei sind zu entscheiden, ob wir erreichbar sind oder nicht.

Viele Menschen aber eilen nach dem Motto „*Verschwinde doch, du Augenblick, du dauerst schon viel zu lange und verstellst mir nur den Blick für Neues*" von Ereignis zu Ereignis, von Erlebnis zu Erlebnis ständig im Bestreben, neue Effekte zu erhaschen und Highlights oder Sensationen zu sammeln, die aber alle ihre Wirkung sehr schnell wieder verlieren. In solchen Situationen lockt die Technik mit immer neuen Versprechungen: Geschäfte machen rund um die Uhr - ein kurzer Tastendruck und alles geht schnell und effizient. Unabhängig von Öffnungszeiten können wir am heimischen PC oder i-phone alles tun, Börsenkurse abfragen, kaufen oder den nächsten Urlaub buchen! Alles in Sekundenschnelle und ohne dass wir uns von der Stelle bewegen müssen. Eine verführerische Welt, die uns suggeriert, alles sei sofort möglich. Viele vergessen dabei ganz, dass dies alles letztlich Geld kostet, das zunächst einmal erwirtschaftet werden muss. Aber der leichte Tastendruck verleitet auch dazu, Dinge unbewusst zu tun. Man will ja schließlich dabei sein.

Für die Rastlosigkeit und Dynamik unseres modernen Lebens hat schon Goethe in seiner Figur des Faust ein treffendes Beispiel:

*„Ihn sättigt keine Lust,*
*ihm genügt kein Glück,*
*so buhlt er fort*
*nach wechselnden Gestalten. "*

Wenn uns also die ganze Welt in kleinsten Blöcken und in Bruchteilen von Sekunden in unser Wohnzimmer geschleudert wird, dann bleibt uns zwangsläufig nur Hilflosigkeit oder besser: Teilnahmslosigkeit. Dann wissen und erfahren wir fast nichts mehr von der wahren Wirklichkeit, gerade weil uns so viel Wirklichkeit im Nanosekundentakt auf unserem heimischen Tisch serviert wird.

Die modernen Medien haben hier eine neue Stellung und Macht in unserer Gesellschaft erhalten. Sie scheinen es oft zu sein, die Trends setzen und diese genauso schnell wieder absetzen. Der Systemforscher Klaus-Peter Möller hat dies einmal auf den Punkt gebracht: „Traue niemals einem gerade vorherrschenden Trend langfristige Stabilität zu. Jeder Trend baut die Voraussetzungen für sein Ende selbst mit auf. Je stabiler die Trendrichtung gerade erscheint, desto größer ist die Wahrscheinlichkeit, dass gegenläufige Entwicklungen sich verstärken, dem Trend zunächst die Spitze brechen und ihn dann umkehren." (Möller 1992, S. 7f.)

In der Alltagspraxis werden wir aber dazu verführt, aktuelle wirtschaftliche oder auch gesellschaftliche Entwicklungen in die nächsten Jahre hinein fortzuschreiben. Erkennen müssen wir aber auch immer wieder, dass die Entwicklungen uns und unsere Vorstellungen überholen. So glauben immer noch viele, wir hätten es mit den uns bekannten konjunkturellen Zyklen zu tun, die wie in früheren Jahren wieder vorübergehen. An wirkliche strukturelle Probleme denken nur wenige.

Realität aber ist, dass es auch keine Strömungen mehr gibt, auf die man sich wirklich verlassen kann. Klar ist nur, dass die Handlungsunsicherheit für uns alle größer geworden ist und immer größer wird. Ungewissheit wie noch nie, Dauer-Turbulenz oder „Zappeligkeit" überall - wie Trendforscher es formulieren.

Unter diesen Bedingungen hat sich unsere Zivilisation und Gesellschaft in dem gerade zu Ende gehenden fünften Kondratieff-Zyklus über Länder, Nationen, Kulturen und Kontinente hinweg zu einem hochkomplexen Gebilde entwickelt, das für viele kaum noch durchschaubar, geschweige denn zu verstehen ist.

Diesen Zustand einer Turbo-Gesellschaft hielt Alvin Toffler bereits vor 20 Jahren in seinem Buch „Machtbeben" sehr treffend fest: „Bei der Beschreibung des rasenden Strukturwandels unserer Tage bestreichen uns die Medien mit einem (breiten) Streufeuer ungereimter Informationen. Experten begraben uns unter wahren Bergen engstirnig spezialisierter Monographien. Volkstümliche Kaffeesatzleser warten mit endlosen Listen unzusammenhängender Tendenzen auf, geben uns aber keinerlei Modell zur Hand, an dem sich ablesen ließe, wie sie miteinander zusammenhängen oder welche Gegenkräfte es geben könnte. Als Folge von alledem erscheint uns der Wandel anarchisch, wird er gar zum Tollhaus." (Toffler 1991, S. 13)

In diesem Tollhaus verändern wir immer schneller immer mehr. Aber wir werden nicht automatisch fähiger, diese Veränderungen so schnell in unsere Systeme der Gesellschaft, der Politik und der Unternehmen einzubauen. Auf der Suche nach Wettbewerbsvorteilen auf globalen Märkten bildet die Zeit, wie es scheint, die letzte Ressource, mit der man einen Vorsprung vor der Konkurrenz sichern kann. Die neueste Technik beschleunigt weiter die Produktion. Aber das ist bei weitem nicht das Wichtigste. Ihr Tempo wird von der Schnelligkeit der Transaktionen, der zur Entscheidungsfindung benötigten Zeit, der Geschwindigkeit, in der neue Ideen in den Labors entstehen, der bis zur Vermarktung benötigten Zeit, der Schnelligkeit von Kapitalströmen und vor allem von der Geschwindigkeit bestimmt, mit der Daten, Informationen und Wissen durch das Wirtschaftssystem pulsieren.

Die Zeitschere im Management, und das ist uns schon seit längerer Zeit bekannt, nimmt weiter zu, das heißt, die bei wachsender Komplexität benötigte und die bei zunehmender Dynamik erforderliche Reaktionszeit werden weiter auseinanderdriften. Aus dem permanenten und sich noch weiter verstärkenden Innovationsdruck resultiert deshalb ein Beschleunigungssog, der Geschwindigkeit zu dem Wettbewerbsvorteil überhaupt macht. Ja, Geschwindigkeit scheint zum strategischen Imperativ unseres gegenwärtigen und zukünftigen Handelns zu werden. Je rascher der Wandel aber verläuft und je schwieriger er in seiner Richtung und Auswirkung zu bestimmen ist, desto dringlicher brauchen wir Leader, die sich nicht mit der Rolle des Bewahrers begnügen, nein, sie müssen Vorreiter, Katalysator und Motor für den Wandel sein.

Dieser überall herrschende Beschleunigungsdruck beschränkt sich nicht mehr nur auf die Gestaltung von Produktionsprozessen und Arbeitsabläufen. Soziale Beziehungen am Arbeitsplatz, aber auch private und sonstige kommunikative Beziehungen können sich kaum noch der Zeitrationalität entziehen. In allen Bereichen unseres Lebens treffen wir auf das vermeintlich zwingende Gesetz der immerwährenden Beschleunigung. Hand in Hand geht damit einher die immer stärkere und radikalere Bewirtschaftung des Faktors der an sich nicht zu vermehrenden Zeit:

> *Nur keine Stagnation, nur keine Passivität zulassen,*
> *„schneller leben" heißt die Konsequenz in der*
> *Informations-, Mega-, Giga-, TeraFlop-*
> *oder Nanosekunden-Kultur,*
> *die mit Zeiteinheiten rechnet,*
> *die unser Gehirn nicht mehr wahrnehmen,*
> *geschweige denn reflektieren kann.*

Dem Gesetz der Evolutionstheorie zufolge werden in dieser Situation nur diejenigen überleben, deren Anpassungsgeschwindigkeit mindestens so groß ist wie die Änderungsgeschwindigkeit ihres Umfeldes, in dem sie agieren und existieren. Und die Erkenntnisse aus der Chaosforschung, auf die wir später noch ausführlicher eingehen werden, zeigen uns, dass der Zustand eines sich selbst entwickelnden Systems – Unternehmen und soziale Organisationen sind solche Systeme – in Richtung zunehmender Turbulenz tendiert.

Schnelligkeit heißt die Spielregel. Wir alle haben gelernt, die Zeit zu rationalisieren, was wir wie schnell und mit welchem Zeitaufwand erledigen können. Wie keine andere hat unsere Epoche die technische und soziale Organisation fast aller Lebensbereiche unter das Motto der immer und überall rationalisierten Ressource Zeit gestellt.

Sicherlich gibt es viele Menschen, die mit der Geschwindigkeit des modernen Lebens keine Probleme zu haben scheinen. Als Beispiel seien die Vielmediennutzer genannt oder der Trend zum ständigen Aktionismus. Hier geht es aber weniger darum, welche verschiedenen Ausprägungen das moderne Leben trotz des Zwangs zur Beschleunigung zulässt, sondern darum, wie wir verantwortungsvoll damit umgehen und unsere Zukunft gestalten können. Es geht also nicht darum, wie viel wir in einer gewissen Zeitspanne erleben, tun oder „konsumieren" können, sondern um die Frage, wie sinnvoll wir unsere Zeit für lohnende Dinge und eine Zukunftsgestaltung einsetzen, die diesen Namen auch verdient. So stehen im neuen Kondratieff-Zyklus nicht umsonst Lebensqualität und Wohlgefühl an der Spitze der erstrebenswerten Ziele. Es wird auch darum gehen, ganz gezielt Erlebniszeit einzurichten, denn das Gefühl eines Zeitwohlstands wird zu einem herausragenden Bedürfnis. Ja, Wohlstand wird in diesem Sinne ganz neu definiert werden.

## Die Gegenerfahrung in der Turbo-Gesellschaft

Sind die Menschen wirklich unersättlich und wollen ständig mehr und anderes? Die grundlegende Annahme der Ökonomie scheint dies zu bestätigen. Die Volkswirtschaftslehre beruht auf der Annahme der Nichtsättigung. Die wirtschaftliche Entwicklung der vergangenen Jahrzehnte mit immer neuen Produkten, vielfältigeren Angeboten und immer kürzeren Produktlebenszyklen sprechen für das „Immer-Mehr".

Mit der durch die Schnelligkeit ausgelösten Reizüberflutung spüren wir aber auch, dass wir reizökonomisch weit über unsere Verhältnisse leben, dass wir längst nicht mehr Schritt halten mit den selbstinszenierten Welt- und Umweltveränderungen, die sich vor allem als Beschleunigungs- und Vervielfachungseffekte darstellen. Schnelligkeit als das alleinige Credo unserer Gesellschaft und Wirtschaft gerät dadurch zumindest ins Wanken.

So kämpfen wir mit der Diskrepanz einer ständig zunehmenden Informationsüberflutung und einer abnehmenden Kommunikationseffizienz. Wir werden jeden Tag ignoranter – oder besser: unwissender, ohne

dass wir aktiv dazu etwas beitragen. Die Forschung und Entwicklung, die
Experten produzieren nicht zuletzt mit Hilfe der modernen Informationstechnologien so viel neues Wissen, dass wir zum Beispiel ganze Da-
tenbanken oder die Enzyklopädie Britannica jeden Tag mehrfach neu
schreiben könnten.

Viele, auch jüngere Menschen kämpfen mit den hohen Veränderungs-
geschwindigkeiten, wenn sie zum Beispiel gerade ein neues Programm
beherrschen, aber von anderen, oft Gleichaltrigen, mit einer Weiterentwicklung „ausgetrickst" werden. Aber auch denen wird das Lachen ver-
gehen, wenn sogleich die nächste Version am Markt angeboten wird.
Normal begabten Anwendern reichen Kompetenz und Kapazität gerade
noch, um auf dem Laufenden zu bleiben; für die tatsächliche Anwendung
und Nutzung des Gelernten bleibt keine Zeit. Eine paradoxe Situation,
wie es scheint. Die Verarbeitungsgeschwindigkeit wird immer größer
und mit ihr die Möglichkeiten der Anwendung. Aber verhindert nicht
gerade die durch die Geschwindigkeit ermöglichte Komplexität oft, dass
die Menschen ihre Arbeit wirklich effizienter, das heißt auch wirklich
schneller erledigen können?

Zumindest müssen sie sich ständig neue Systeme erarbeiten, und die
Frage ist durchaus berechtigt, welcher Wechsel oder Weiterentwick-
lungsrhythmus noch sinnvoll und vor allem wirtschaftlich ist. Denn es
kann nicht angehen, dass Geschwindigkeit nur noch um ihrer selbst
willen weiter erhöht wird und dadurch nicht erkannt wird, dass letztlich
eine weitere Erhöhung nur hinderlich oder nicht mehr wirtschaftlich
sein kann. Der Käufer eines Computers oder Handys wird sich auch nicht
jedes Jahr ein neues Modell oder ein neues System zulegen, nur weil sein
eigenes nicht der allerjüngsten Version entspricht. Haben wir also mit
der Informationstechnologie die zu erreichenden Produktivitätsreserven
schon weitestgehend ausgeschöpft, wie wir dies bereits zu Beginn des
Buches als Kennzeichen für einen Zykluswechsel ausgemacht haben?

So produzieren wir auch immer mehr Informations-Müll, und die ge-
samtgesellschaftliche Informationsüberlastung bewegt sich auf die 100-
Prozent-Marke zu. Die Empfänger beachten höchstens ein bis zwei Prozent des gestreuten und verfügbaren Informationsangebotes. Schnelligkeit und Quantität ersetzen hier meist Gründlichkeit und Qualität, Ge-

nauigkeit und Zusammenhänge. Oder, weil Information in einem solchen Überfluss vorhanden ist, lassen wir uns (oder bleibt uns) nicht die Zeit für ein genaueres Hinsehen und Wahrnehmen.

Eine ausweglose Situation also für unser Zeitbudget, das durch diese Überflutung noch enger wird? Das Ringen um Strategien, mit denen man mit der immer höheren Geschwindigkeit Schritt halten will, erscheint angesichts dieser Situation als völlig hoffnungslos.

Langsam scheint aber der Zeitpunkt für Widerstand gegen das Diktat von Zeit und Hetze gekommen zu sein. Geschwindigkeit gerät zumindest als einziges Leistungskriterium ins Wanken. In einigen Bereichen setzt die Suche nach einer neuen Zeitkultur und Entschleunigung ein. Die gepflegten Beschleunigungsrituale gelten nicht mehr als nachahmenswert und erste Return-on-Investment-Rechnungen werden auf die Langsamkeit übertragen. In vielen Bereichen führt der Beschleunigungswahn nämlich gerade dazu, dass sich die daraus resultierenden Produktlebenszyklen nicht mehr rechnen. In Unternehmen wird laut über die Frage nach der Zeit nachgedacht. Auszeiten und Sabbaticals werden mehr und mehr in Arbeitsverträge integriert. Selbst der früher eher belächelte Mittagsschlaf verliert als Power Nap sein Stigma und wird systematisch neu entdeckt. Gesundheitsmanagement gewinnt in Unternehmen einen neuen Stellenwert.

Es gibt also durchaus Grenzen der Beschleunigung. Eine Rose zum Beispiel muss selbst zur Blüte kommen, man kann die Knospe nicht aufbrechen. Oder wie ein afrikanisches Sprichwort sagt: „Das Gras wächst nicht schneller, wenn du daran ziehst." Oder wenn man eine Mayonnaise herstellen will, muss das Öl ganz langsam hinzugegeben werden, sonst gerinnen die Zutaten. So können auch die Prozesse der Erfahrungen genauso wenig beschleunigt werden wie viele kulturelle und gesellschaftliche Prozesse.

> *Das Leben bestraft denjenigen, der zu spät kommt,*
> *gleichermaßen wie denjenigen, der zu früh kommt.*

Dass sich Führungskräfte durch Zeitknappheit auszeichnen, dies war nicht immer so, wie Sten Nadolnys Held John Franklin in dem Roman „Die Entdeckung der Langsamkeit" überzeugend belegt. Je komplexer

eine Aufgabe ist, desto fragwürdiger wird es nach Nadolny auch, unbe-
dingt ihre rascheste Lösung anzustreben. Und es mag zunächst paradox
klingen: Das strategische Wettrennen unserer überall schnelllebigen
Zeit, in der alles sich in ständiger Bewegung befindet und alles eigentlich schon gestern oder vorgestern erledigt sein sollte, dieser Wettlauf
wird, wie mittlerweile viele Signale andeuten, eher von den Gelassenen
und Beharrlichen als von den hektisch Aktiven gewonnen werden. Die
gegenwärtige Entwicklung korrigiert viele der zu kurz greifenden und
überhasteten Geschäftskonzepte der vergangenen Jahre. Die alleinige
Ausrichtung auf Schnelligkeit scheint das prägende Element des auslaufenden Kondratieff-Zyklus gewesen zu sein.

Nadolnys Held John Franklin beherrscht eine vorbildliche navigatorische Routine, weil er Offenheit, Gelassenheit, Nachdenklichkeit und
Langsamkeit ständig in seinem Verhaltensrepertoire mit sich führt. Im
entscheidenden Augenblick, wo es um Leben und Tod für seine Mannschaft und sein ins Packeis geratene Schiff geht, verliert er keine Zeit
mit hektischen Flucht- oder Lösungsversuchen, für die es ohnehin zu
spät gewesen wäre. Nein, er nimmt sich Zeit zum Nachdenken und konzentriert sich auf denkbar „undenkbare" Lösungen. So versucht Franklin
erst gar nicht, sein Schiff aus dem Packeis zu bringen, sondern manövriert es direkt hinein, um nicht von treibenden Eisbergen zerrieben zu
werden. Einen sichereren Platz als zwischen Eiswänden eingekeilt zu
sein konnte es nicht geben, auch wenn dies von seiner Mannschaft zuerst nicht so gesehen wird. Genau dies aber bringt ihm und seiner Mannschaft die Rettung vor dem sicheren Schiffbruch und Untergang. John
Franklins Lehre lautet: *Nicht die Dinge an sich sind es, die unser jeweiliges Handeln bestimmen, sondern unsere Sichtweise und Ansichten über
die Dinge.*

Schon in der Antike war man sich bewusst, dass die Welt sich total
verändert, wenn man sie aus der Perspektive der Langsamkeit betrachtet. Dafür steht die paradoxe Metapher vom Wettlauf zwischen Achilles
und der Schildkröte.

In unserer hektischen Gesellschaft und Welt haben nur noch wenige
die Geduld für ein solches Vorgehen oder eine solche Sichtweise, die für
John Franklin typisch sind und seinen Erfolg ausmachen. Manager wol-

len und brauchen Ergebnisse „jetzt und sofort". Robert Waterman, Mit-autor des Bestsellers „Auf der Suche nach Spitzenleistungen", charakte-risierte dies sehr treffend: Führungskräfte „wollen umfassende Qualität hier und jetzt, Selbststeuerung ein Jahr später, und ganz en passant soll auch noch eben die Unternehmenskultur verändert werden. Die Unfä-higkeit, sich der Zeit zu verschreiben, der es einmal bedarf, große Dinge zu tun, ist genau der Grund, warum die meisten ‚Führer' keine großen Dinge zustande bringen." (Waterman 1994, S. 359)

Navigatorische Meisterschaft und entdeckerische Kühnheit – nur wer die rationale Tüchtigkeit des Gottes Apoll mit dem transrationalen Umherschweifen seines Halbbruders Hermes verbinden kann, erst der hat, so Nadolny, auf angespannte Situationen mehr als nur eine Antwort zur Hand. Dieses Abwägen von verschiedenen Alternativen wird in Zu-kunft auch immer wichtiger, wenn wir Unternehmen auf Erfolgskurs bringen wollen. Das Denken in eindimensionalen Kategorien reicht dazu nicht mehr aus. Und die neuere Gehirnforschung bestätigt uns, dass die Eigenschaften beider Götter in uns wohnen: Apoll in der rational-logischen, systematisch-ordnenden und methodisch-kategorisierenden linken Gehirnhälfte, Hermes in der Intuition, Kreativität, Irrationalität und Schöpferisches verkörpernden rechten Hälfte.

Bei der florentinischen Kaufmanns- und Herrscherfamilie der Medici sind die Symbole der Schildkröte und des Segels in vielen Gemälden und Begebenheiten geschäftlicher und gesellschaftlicher Art zu finden. Bei-de zusammen stehen für Schnelligkeit und Langsamkeit zugleich. Die Schildkröte verkörpert wie kaum ein anderes Lebewesen Gelassenheit, Ruhe, aber auch Zielstrebigkeit. Demgegenüber steht das Segel für Schnelligkeit, Zielgenauigkeit und Manövrierfähigkeit. Schon zur Re-naissancezeit haben also die Vertreter der sehr erfolgreichen Familie der Medici, die Florenz zum Mittelpunkt des Humanismus, der Wissenschaft und Kunst machten, die Notwendigkeit des Miteinander beider Eigen-schaften erkannt. Manchmal muss man eben schnell sein, um der Lang-samkeit zum Durchbruch zu verhelfen.

„Im Kern ist und bleibt das Zeitproblem ein Komplexitätsproblem: Nicht die Zeit ist knapp, sondern wir wollen zu viele Dinge in ihr erledi-gen. Die neue Zeitkultur des 21. Jahrhunderts wird deshalb nicht vom

romantischen ‚Prinzip Langsamkeit' geprägt, sondern von einer Diversi-
fizierung von Zeitrhythmen: Beschleunigte Zeiten, in denen wir hohe
Kreativität (Flow) erleben, ohne auf die Uhr zu schauen, wechseln mit
Perioden, in denen wir uns regenerieren und entschleunigen. Die Lust an
der Geschwindigkeit, an höherer Intensität, existiert in uns allen – aber
auch die Sehnsucht nach Verzögerung und Aus-Zeiten. Echtzeit und
Schneckenzeit schließen sich in der Zukunftsgesellschaft nicht aus."
(Horx 2001, S. 118).

Dem Veränderungs- und Geschwindigkeitszwang steht so auch die
bewusste Gegenerfahrung von Langsamkeit, Ruhe und Gelassenheit
gegenüber. Die fernöstliche Weisheit des Taoismus „Wenn Du es eilig
hast, mache einen Umweg" realisiert sich hier in einer neuen Wahrneh-
mungs- und Anwendungsform.

Bei dem damit verbundenen neuen – um nicht zu sagen ungewohnten
– Umgang mit Zeit wird das Denken in Quantitäten als überholt eingestuft. Denn das quantitative Streben allein führt nicht mehr weiter. Es
hat uns in der Vergangenheit immer wieder in Sackgassen geführt, wie
zum Beispiel auch die Ergebnisse des einseitigen Shareholder-Value-
Denkens oder der unproduktive Umgang mit den natürlichen Ressourcen
zeigen. Ein qualitatives, nachhaltiges Element muss hinzukommen.
Dafür ist der Umgang mit der Zeit ein treffendes Beispiel. So entsteht
auch ein anderes Bewusstsein des persönlichen Zeitbesitzes, das den
üblichen und bisher dominierenden Rationalitätsbegriff grundsätzlich
in Frage stellt. Rationalität wird und kann nicht länger als Gewissheit
identifiziert werden. Auch Qualität, wenn sie umfassend sein soll, erfordert ein bestimmtes Tempolimit. Aber der Virus der Hektik und Unge-
duld, von dem sich viele allzu schnell anstecken lassen, macht meistens
die möglichen Qualitätsgewinne zunichte.

Der persönliche Zeitbesitz des Einzelnen rückt so in ein anderes Licht.
Unter Achtung und Aneignung physischer, psychischer und sozialer
Geschwindigkeitsbedürfnisse stellt Langsamkeit so verstanden eine Art
Vorbereitung (Rüstzeit) für die Synchronisation unterschiedlicher Geschwindigkeiten und verschiedenartiger Aktivitäten dar. Und genau
diese unterschiedlichen Geschwindigkeiten werden wir immer öfter
brauchen, um mit Komplexität umgehen zu können. „Den größtmögli-

chen Nutzen mit dem möglichst geringsten Aufwand" oder „mehr mit weniger erreichen", diese hinlänglich bekannte Forderung des ökonomischen Prinzips, Grundlage unseres Wirtschaftens, heißt übertragen auf den Einsatz der persönlichen Zeit:

- neue Fähigkeiten im Umgang mit unterschiedlichen Geschwindigkeiten erlernen,

- unterschiedliches Erleben der Zeit zulassen,

- Rückgewinnung der Zeitsouveränität,

- bewusste Momente der Ruhe erfahren,

- Entbindung aus Zeitzwängen,

- Rastplatz zur Neuorientierung und

- Tankplatz für neue Kraftreserven.

Dieses ökonomische Prinzip müssen wir neu ausrichten im Sinne eines globalen, ganzheitlichen und verantwortungsbewussten Einsatzes. Unseren Umgang mit Zeit müssen wir deshalb um neue Dimensionen des Zeiterlebens und des Zeiteinsatzes erweitern mit dem Ziel, eine tragfähige Balance im Zeitverständnis zu erreichen und den rasanten Wandel sowie die vielfältigen Veränderungen in allen Bereichen zu begreifen. Dazu müssen wir uns die Zeit nehmen,

- um Zeit als unsere knappste Ressource neu zu entdecken,

- um einen neuen Umgang mit Zeit zu lernen,

- um Nuancen und Unterschiede, aber auch Signale von außen wahrzunehmen und

- um Abstand, Distanz und die Möglichkeit zur Reflexion zu gewinnen.

Der Grundsatz der Lehre des griechischen Sophistikers Protagoras „Der Mensch ist das Maß aller Dinge" trifft deshalb heute mehr denn je auf alles zu, was wir tun. So hängt der Erfolg eines Unternehmens entscheidend von den Menschen ab, die für das Unternehmen arbeiten, es gestalten, sowie von dem Geist, in dem sie dies tun.

Denn Menschen gestalten den Wandel und Menschen entwickeln Unternehmen und Organisationen. Aber ohne Menschen wird es keine Organisationen geben, können Unternehmen nicht existieren.

Die Erkenntnisse aus unterschiedlichen Fachrichtungen und Disziplinen können uns hier zu einer fruchtbaren Symbiose für die Bewältigung der vor uns liegenden Aufgaben führen. Gerade in den vergangenen zehn Jahren sind neue Lösungsansätze kaum noch einer einzelnen Disziplin entsprungen, sondern vielmehr aus einer ganzheitlichen Betrachtung zum Beispiel der Evolutionsforschung, der Informations- und Kommunikationstechnologie, der Wirtschaftswissenschaften, der Molekular-Biologie, der Quanten-Physik und anderer. So wissen wir beispielsweise aus der Biologie, dass die Redundanz eines der entscheidenden Prinzipien für die Funktionssicherheit eines Systems ist. Nur haben wir bis heute zu wenig über die Funktionssicherheit des Systems Unternehmen und des Systems soziale Organisation und Gesellschaft nachgedacht und die Organisationsproduktivität vernachlässigt. Deshalb ist unser Wissen darüber auch nicht besonders ausgeprägt.

Offensichtlich haben wir Angst, uns von unserem deterministischen kausalen Weltbild zu verabschieden. Wir klammern uns an das Bekannte und Gewohnte, an das Funktionale, Strukturierte, Logische und Lineare. Wir vergessen dabei, dass dies nicht mehr mit der täglich erlebten Realität konform geht, besonders weil wir inzwischen eine ständige Berührung und Konfrontation mit anderen Kulturen und Wertesystemen haben und damit immer schnelleren Veränderungen kultureller, wissenschaftlicher und technischer Art ausgesetzt werden.

## Wie wir unsere Zeit einsetzen und mit ihr umgehen

Den Einsatz unserer Zeit und unser Tun sollten wir also nicht dem Zufall, den alltäglichen Routinen und Abläufen oder wachsenden Turbulenzen überlassen: Nicht mehr was ich erreiche, sondern wie ich es zu erleben verstehe, nicht mehr über was ich verfüge, sondern wer ich dabei bin und bleibe, wird unser künftiges Handeln bestimmen.

Wir sollten uns auch stärker bewusst machen, wie wir unsere Zeit für die unterschiedlichen Dinge und Aktivitäten einsetzen, das heißt uns klar machen, was wir schnell und was wir bewusst langsam erledigen wollen und können. Die Katze kann uns dabei mit ihrem typischen Verhalten ein gutes Beispiel geben und einen Weg zeigen: Lange Zeit verweilt sie regungslos, konzentriert und einen Punkt fixierend, bevor sie blitzschnell und gezielt losspringt, um eine Beute zu erhaschen. Oder der Bogenschütze: Er bereitet sich langsam, alle Sinne auf das Ziel ausrichtend, vor, um dann seinen Pfeil genau ins Ziel zu schleudern.

Mangelhafte Wahrnehmung kann also nie Zeitgewinn sein, sondern nur Zeitverlust. Langsamkeit ist, wie die Katze und der Bogenschütze uns zeigen, Voraussetzung für sicheres Zupacken und wohlbedachte Entscheidungen. Hektischer Aktionismus kostet in der Regel auch sehr viel mehr Geld als wohlüberlegte Handlungen. Echtzeit und Schneckenzeit gehören also zusammen. Es gibt nach Nadolny eine Dialektik, die zu durchschauen lohnend ist: Was in Monaten vorbereitet wurde, zahlt sich in Minuten aus, und was in Sekunden falsch gemacht wird, beeinflusst ganze Jahre negativ. „Daher ist es angebracht, sich sowohl auf Jahre als auch auf Sekunden einzurichten ... Der Führungsstil, der sowohl das vertraute Dauernde als auch den Umgang mit plötzlichen Gefahren (und Chancen) integrieren kann, ist wache, vibrierende Langsamkeit."

In dem uns beherrschenden Geschwindigkeitsrausch vergessen wir jedoch häufig, dass Schnelligkeit allein nicht immer erfolgsentscheidend ist, sondern oft einhergehen muss mit Langsamkeit und Gelassenheit. Nadolny hat auch dazu ein anschauliches Beispiel in seinem Roman „Die Entdeckung der Langsamkeit" gegeben: „Die Arbeit auf dem Schiff beobachtete John sehr genau. Er ließ sich auch beibringen, wie man Knoten macht. Er stellte einen Unterschied fest: beim Üben schien es mehr darauf anzukommen, wie schnell man einen Knoten fertig hatte, bei der wirklichen Arbeit aber darauf, wie gut er hielt."

Die jeweilig angemessene Geschwindigkeit zu finden, die den Entwicklungsprozess vorantreibt, ihn und sein Resultat aber nicht gefährdet, ist die stetige Aufgabe aller, die unsere Gesellschaft prägen, ob in Wirtschaft oder Politik - eine schwierige Aufgabe, eine Kunst, die Kunst der richtigen Tempi.

In einer hektischen und immer unüberschaubarer werdenden Welt kann es an der Notwendigkeit von ruhenden, Orientierung gebenden Polen keine Zweifel geben. Dabei ist nicht die Langsamkeit an sich interessant, sondern das damit verbundene enorme kreative Potenzial, das in Zukunft noch dringender gebraucht wird zur langfristigen Sicherung unser aller Überlebensfähigkeit. Um unseren Umgang mit der Zeit besser zu verstehen, sollten wir einmal folgende Aussagen und Feststellungen kritisch für uns selbst reflektieren:

– In vielen Situationen schaffen wir uns selbst Stress-Situationen, um uns angeblich wohl zu fühlen.

– Über beruflichen Stress zu reden, wird oft gleichgesetzt oder verwechselt mit viel Arbeit und/oder guter Arbeit.

– Unter ständigem Zeitdruck zu stehen, betrachten wir oft genug als Zeichen dafür, dass wir besonders wichtig und unentbehrlich sind.

– Den Bedarf an Zeit, den wir für eine Aufgabe aufwenden, setzen wir meist gleich mit guter und qualitativer Erledigung.

– Warum eigentlich sollte es weiterhin zum guten Ton gehören oder erstrebenswert sein, keine Zeit zu haben?

– Karriere darf in Zukunft nicht mehr alleine bedeuten, extrem lange zu arbeiten mit dem ständigen Gefühl, unter Zeitdruck zu stehen. Hier darf und muss die Frage erlaubt sein, wie effektiv wir unsere Zeit einsetzen.

– Die Art und Weise, wie wir mit unserer Zeit, mit Terminen und Vereinbarungen für uns ganz persönlich umgehen, sagt eine Menge über uns und unsere Persönlichkeit aus.

– Bei vielen nimmt der Wunsch nach Zeit zur kreativen Entspannung und zur kreativen Aufrüstung zu, weil sie ständig unter Anspannung stehen und mit einem Gefühl des Gedrängtseins leben.

– Was hinter uns liegt, hat bereits Zeit gekostet, nur von dem, was noch vor uns liegt, können wir etwas besser einsetzen oder besser verwenden.

Wir sollten wieder lernen, still zu sitzen und still sein zu können, unseren Sinnen und dem Körper Einhalt zu gebieten, uns ganz auf uns selbst zu konzentrieren und uns mit uns selbst genug zu sein. Dies würde im Ergebnis bedeuten, dass wir Zeit wieder wirklich erfahren.

## Die Kraft der Stille

Nicht zuletzt der Erfolg des Buches von Harpe Kerkeling „Ich bin dann mal weg" hat die Aufmerksamkeit auf eine neue alte Sehnsucht der Menschen gelenkt, die Sehnsucht nach Langsamkeit und Stille. Stille bedeutet mehr als einfach nur still zu sitzen oder still zu sein. Es ist der Rückzug aus unserer reizüberfluteten Welt, aus unserem rund um Uhr aktiv gestalteten und erlebnisüberhäuften Alltag, der Rückzug aus der ständigen Erreichbarkeit und dem überall Eingebundensein. Viele Menschen spüren diese Sehnsucht, aber sie ist ihnen nicht wirklich bewusst. Und nur allzu häufig löst sie Angst aus und führt zu noch mehr Aktivität und noch mehr Ereignis- und Erlebnissucht.

Auch Theater und Musik machen es uns vor, dass andere Sinne gefragt sind, wenn es einmal still wird, wenn Menschen sich in Stille begegnen. Es ist wie bei einem Wassertropfen, der in einem ruhigen See seine Kreise zieht. Wir würden ihn nicht bemerken, wenn er in eine aufgewühlte Brandung fiele. Und es scheint, als hätten wir es in unserer Gesellschaft verlernt, Stille und Schweigen, Ruhe und Langsamkeit zulassen zu können. Oft aus Angst, sich selbst oder anderen zu begegnen.

Und auch heute gibt es viele Orte und Gelegenheiten, an denen Stille erlebt werden kann, sei es in der Natur, im Wald, an einem ruhigen See, auf dem Wasser, im Wasser, unter Wasser oder in den Bergen, sei es in einer Gruppe, in einem Museum, einem Konzert, im Theater oder in den Räumen eines Klosters. Nicht zuletzt aus dieser Sehnsucht nach Stille erfreuen sich die vielfältigen Angebote in den Klöstern wachsender Beliebtheit. Gerade bei Managern und Führungskräften sind Aufenthalte in der klösterlichen Stille und Abgeschirmtheit begehrt, um zur Rückbesinnung zu finden, neue Kräfte zu tanken oder ganz neue Dinge anzugehen.

Wenn Schweigen nicht als Unsicherheit oder Verlegenheit empfunden, sondern als wohltuende Pause wahrgenommen wird, die den Menschen bereichert und inspiriert, dann verändern sich die persönliche Einstellung und Wahrnehmung gravierend. Schweigen und Stille wird als neue Kraft empfunden. Pausen und Stille werden nicht mit Nichtstun und Faulheit gleichgesetzt, sondern sind kreative und konstruktive Momente, die neue Ideen geben und Regeneration ermöglichen. Der berühmte Musiker Yehudi Menuhin spürte diese Kraft immer wieder und beschrieb sie wie folgt: „Schweigen ist Stille, nie Leere. Es ist Klarheit, nie Farblosigkeit. Es ist Rhythmus wie ein gesunder Herzschlag. Es ist Fundament allen Denkens und damit das, auf dem jedes Schöpferische von Wert beruht."

So wäre zum Beispiel der mit dem Oscar gekrönte Film „Das Leben der Anderen" ohne die Stille im Kloster nicht entstanden. Der Regisseur Florian Henckel von Donnersmarck betonte immer wieder, dass er ohne die klösterliche Stille, das Fitness-Training mit den Mönchen, die musikalische Beratung durch den Stiftsorganisten Pater Simeon Karl Wester, die Video-Sammlung des Jugendseelsorgers Pater Karl Wallner und die vielen Gespräche über Freiheit, Liebe und Barmherzigkeit mit den Mönchen im niederösterreichischen Zisterzienserstift Heiligenkreuz seinen Film nicht hätte drehen können.

Will man also mehr über die Kraft der Stille und des Schweigens erfahren, so lohnt sich der Blick hinter die Klostermauern, und zwar in Europa und Asien gleichermaßen. Denn seit Jahrhunderten suchen sowohl christliche als auch buddhistische Mönche in der Abgeschiedenheit ihrer Klöster schweigend den Weg in die Stille, um mit Meditation und Kontemplation sich selbst zu suchen und zu finden. Der Teilnehmer eines Managementtrainings in einem Benediktinerkloster umschreibt dies aus seiner persönlichen Erfahrung, dass jeder für sich in sein Inneres horchen müsse. Es sei eine spirituelle Erfahrung, die nicht wirklich beschrieben oder nachgelesen werde könne, man müsse sie schon selbst machen.

Auch der Film von Philip Gröning „Die große Stille" über Grande Chartreuse, das Mutterkloster des legendären Kartäuserordens in den französischen Alpen, wurde mit seiner Botschaft, die kaum Sprache benutzt, zu einem Publikumserfolg und berührte einen großen Kreis von Menschen unabhängig von ihrer religiösen Zugehörigkeit. Gröning macht mit seinem Film Zeit erlebbar. Er vermittelt keine Informationen, sondern nur Gefühle und Eindrücke. Damit trifft er genau die Sehnsucht vieler Menschen nach Langsamkeit und Stille, die sicher einen großen Teil seines Erfolges mit dem Film ausmacht. Das persönliche Erleben aus Filmkritiken und Kommentaren lässt sich wie folgt zusammenfassen: Erst in der Stille beginnt man zu hören. Erst wenn Sprache verstummt, beginnt man zu sehen. So kann ein echtes Gefühl eines Zeitwohlstands entstehen verbunden mit einem intensiven Erleben, welches Erlebniszeit auszeichnet.

# 4 Die Überwindung des linear-analytischen Denkens

*„Den Wert eines Unternehmens*
*machen nicht Gebäude und Maschinen*
*und auch nicht seine Bankkonten aus.*
*Wertvoll an einem Unternehmen sind*
*nur die Menschen, die dafür arbeiten,*
*und der Geist, in dem sie es tun."*

*Heinrich Nordhoff*

Der in Genf geborene und weit über die Grenzen seiner Heimatstadt hinaus wirkende Schriftsteller, Philosoph, Naturforscher und Aufklärer Jean-Jacques Rousseau (1712-78) umschrieb den Zustand seiner damaligen Welt mit den Worten: „Alles auf der Erde unterliegt einem ständigen Wandel. Nichts darf eine dauerhafte Form annehmen. Alles um uns herum verändert sich."

Auch für Unternehmen, für die Wirtschaft, Politik und Gesellschaft heißt heute die einzige sichere Größe „Wandel und Veränderung". Ob wir es wollen oder nicht, unsere Organisationen und Unternehmen werden immer unüberschaubarer und komplexer. Auch das Unternehmensumfeld verändert sich immer schneller. Nicht nur Führung im Wandel, sondern Führung als Bewältigung des Wandels ist und wird weiter zum immer schwieriger zu lösenden Problem, die Bewältigung selbst zum Dauerzustand und zur ständigen Aufgabe.

Wandel und Veränderungen hat es zwar schon immer gegeben. Das Neue in der jüngsten Vergangenheit aber ist der enorme und nicht mehr überschaubare Eskalationsprozess der Veränderungen. Wir verlieren dadurch mehr und mehr die Steuerbarkeit, das heißt, dass uns die Illusion der Beherrschbarkeit von Systemen mehr und mehr verloren geht. Immer öfter haben wir es mit unerwarteten Ereignissen zu tun, auf die man nicht vorbereitet ist. Wir haben aber auch im Vergleich zu früher immer weniger Zeit, um auf Veränderungen reagieren zu können und um

Antworten zu finden. Das heißt, die Reaktionszeit ist sehr viel kürzer geworden bei gleichzeitig größerer Komplexität und Vernetzung der Dinge.

Der ständig steigenden Komplexität werden altbewährte Methoden der Vergangenheit auch nicht mehr gerecht. Denn die Erfolgsmechanismen der Vergangenheit beruhen meist auf Reduktion von Komplexität, auf Lenkung durch Steuerung, auf Messbarkeit und Kennzahlen sowie auf linearem Denken und Handeln. Aber gerade diese weit verbreitete primäre Vergangenheitsorientierung wird in Zukunft immer stärker zum Unsicherheitsfaktor für Organisationen, Unternehmen, für die Politik, aber auch für jeden Einzelnen. Denn der Grundsatz, aus den Erfahrungen der Vergangenheit auch zukünftige Aufgaben zu bewältigen, wird immer weniger ausreichen, diese Herausforderungen zu meistern.

Wer kann vor diesem Hintergrund, angesichts der steigenden Veränderungsgeschwindigkeit, der zunehmenden Verunsicherungen und Turbulenzen schon sagen, wie die Welt von morgen aussehen wird? Manager und Führungskräfte sehen sich größeren Strukturkrisen und Handlungsunsicherheiten gegenüber. Ausnahmesituationen werden zur Normalität und die unternehmerischen Herausforderungen werden ständig komplexer, unüberschaubarer und damit schwieriger. Umfeldkomplexität, -dynamik und -turbulenzen haben in nur wenigen Jahren dramatisch zugenommen. Für viele Entwicklungen gibt es keine Vorbilder, Muster oder Modelle mehr, an denen wir uns orientieren könnten.

Eines wissen wir aber in dieser Situation genau: Unternehmer und Führungskräfte sind in ihrer Verantwortung gefordert, den Weg in die Zukunft zielorientiert zu gestalten. Die Fähigkeit zur Anpassung wird zum Überlebensfaktor für alle.

Der notwendige Wandel muss sich aber zuerst im Denken und in den Köpfen der Entscheidungsträger vollziehen. Dabei darf und kann es nicht ihr primäres Anliegen sein, an defekten Teilen herum zu reparieren und dabei die Weichenstellungen für die Zukunft aus den Augen zu verlieren. Manager müssen sich auch immer wieder deutlich machen, wie sehr ihr gesamtes Handeln mit anderen Dingen und Vorgängen verbunden und vernetzt ist und dort Auswirkungen hat. Ganzheitliches Denken einzuüben und Turbulenzen als positive Signale zu verstehen, dies sind die grundlegenden Forderungen an den Manager von morgen. Damit sind wir bei einem zentralen Punkt angelangt:

- Welche Verhaltens- und Denkweisen sowie Persönlichkeitsmerkmale zeichnen eine erfolgreiche Führungskraft der Zukunft aus?

- Welche Führungsqualifikationen werden notwendig und sozial bzw. gesellschaftlich erwünscht sein, um den Umbrüchen und Krisen erfolgreich begegnen zu können?

- Mit welcher Legitimationsbasis können Führungskräfte in Zukunft ihr Tun begründen und rechtfertigen?

- Welche Unternehmenskultur brauchen wir, um eine langfristige, verantwortungsvolle und nachhaltige Ausrichtung unseres Tuns zu gewährleisten?

# Der Kardinalfehler einer falsch verstandenen Führung

Was bisher oft unter Führungskraft verstanden wird, ist in Wirklichkeit meist eine Bezeichnung für Fachkräfte mit ausgezeichneten Spezialkenntnissen, jedoch bar einer echten Kenntnis in Menschenführung und damit eines echten Führenkönnens. Es handelt sich bei der Mehrheit um professionelle Techniker, Kaufleute und Wissenschaftler, die führungsmäßig oft Laien sind, weil sie diese Positionen aufgrund ihrer fachlichen Leistungen und Erfolge erreicht haben.

Und es muss schon nachdenklich stimmen, wenn Ideenarmut als eine Hauptursache für die Fehlschläge bei innovativen Produktentwicklungen ausgemacht wird. Oder wenn in Befragungen höchstens einem Drittel aller Führungskräfte bescheinigt wird, ihre Mitarbeiter im Großen und Ganzen erfolgreich zu führen. Nach eigener Einschätzung führt etwa ein Drittel autoritär, nach Beurteilung der Mitarbeiter zählen aber knapp 70 Prozent zu den eher autoritären Manager-Typen. Auch muss es nachdenklich stimmen, wenn ein Großteil der Mitarbeiter sich durch das Management eher daran gehindert fühlt, den Job gut zu machen.

Insgesamt werden den Vorgesetzten nach unterschiedlichen Untersuchungen große Defizite im menschlichen Umgang bescheinigt. In vielen Bereichen herrscht ein ausgeprägtes hierarchisches Denken: Eine privilegierte Führungsschicht, mit wenig kooperationsbereiten Managern, die von sich selbst und vor allem von ihren individuellen Leistungen überzeugt sind. Diese Schicht lässt oft keine anderen Meinungen neben der eigenen gelten. Sie pflegen ihre geschlossenen, sich selbst reproduzierenden Systeme und gewähren nur Gleichgesinnten Eintritt. Eine offene, kommunikative Arbeitsatmosphäre ist ihnen fremd.

Deutet dies auf eine Unfähigkeit zum Führen, auf ein klares Führungsversäumnis oder gar Versagen des Managements hin? Wurden Manager überhaupt in die Lage zu echter Führung versetzt oder konnten sie dies überhaupt lernen? Können wir mit einem solchen Verständnis in Zukunft die vorhandenen Potenziale entfalten und die daraus entstehende Vielfalt nutzen?

Noch vor wenigen Jahren profilierten sich Führungskräfte dadurch, dass sie ihre Mitarbeiter fest im Griff hatten. In Zukunft wird und kann aber Führung auf dieser Basis nicht mehr funktionieren, besonders weil dies von den Betroffenen eher als hinderlich empfunden wird, ihre Arbeit wirklich gut zu machen.

Die Veränderungen in der externen Umwelt unserer Unternehmen verlangen in erster Linie von den Führungsverantwortlichen - aber auch von den Mitarbeitern - ein neues Denken und Handeln, das umfassender, ganzheitlicher, toleranter, offener, kommunikativer, kreativer und flexibler agiert als bisher. Schon wieder die berühmten „Soft-Faktoren", werden einige denken und einwenden. Was sollen wir mit diesen in einer Zeit des härteren globalen Wettbewerbs, der schnellen Produktzyklen, der größeren wirtschaftlichen Herausforderungen sowie der turbulenten und unvorhersehbaren Veränderungen und Ereignisse?

Wenn aktuelle und dringende Probleme alle Energie in Anspruch nehmen, ist dann nicht eher entschlossenes und hartes Krisenmanagement notwendig?

Können wir die Probleme der Zukunft noch mit altbewährten, bisher eingesetzten Methoden lösen? Taugen die alten, probaten und eingeübten Mittel noch für die schwieriger und komplexer werdenden Aufgaben?

Die Antwort darauf lautet eindeutig: Nein! Denn die Erfolgspotenziale von morgen haben nur wenig zu tun mit dem Erfolg von gestern, sie haben wenig zu tun mit verkrusteten Strukturen, und sie haben auch nichts gemeinsam mit Macht und Prestige, Imponiergehabe und Fassadentechnik oder einem „Weiter wie bisher". Es geht auch nicht nur um neue Regeln für neue Situationen, sondern um einen Bewusstseinswandel und eine Einstellungs- und Verhaltensänderung.

Aussteigen aus bisherigen Denkschemata, Einsteigen in neue und andere Denkmechanismen ist deshalb eine notwendige Voraussetzung für eine andere Führungskultur, für ein besseres Führungsverständnis und für eine wirksamere unternehmerische Gestaltungskraft auf allen Ebenen und in allen Bereichen. Das Ziel dieser Führungskultur könnte eine bessere Lebensqualität für alle sein, die weltweite Probleme in einer ganzheitlichen Sicht wahrnimmt und zu lösen versucht, die ein für Gesellschaft und Wirtschaft gültiges Wertesystem ermöglicht und die sich so ihrer Verantwortung für eine nachhaltige Entwicklung bewusst ist und stellt.

Frühzeitig lernen viele, sich gegenüber Mitschülern, Kommilitonen und Kollegen durchzusetzen, aber niemand bringt ihnen bei, wie man es anstellen kann, aus Rivalen loyale Teamgefährten zu machen. Und das ist die eigentliche Aufgabe aller Führungskräfte. Sie sind darauf programmiert, zuerst und ausschließlich an die eigene Karriere zu denken. Der Erfolg ihrer Mannschaft oder Firma ist für sie nur ein Mittel zum Zweck der Befriedigung ganz persönlichen Machtstrebens und persönlichen Erfolgs. Einige der prominenten Beispiele aus den vergangenen Jahren geben hier ein beredtes Zeugnis.

Es fehlen also genau die Führungskompetenzen, die wir gerade dringend brauchen. Technokratische Planung, Steuerung und Kontrolle werden in Zukunft immer weniger bewirken. Kennzahlensysteme zur Messung von Mitarbeiterleistungen sind zwar sehr beliebt. Der bürokratische Aufwand, der mit diesen Methoden betrieben wird, wird meist unterschätzt und bindet sehr viel Zeit und Arbeitskraft, die dadurch unproduktiv vertan wird. Deshalb führen sie zu dem Ergebnis einer Scheingenauigkeit für das Management und einer Demotivation für die Mitarbeiter. Vor allem aber beeinflussen diese Kennzahlen zu sehr das eigene Urteilsvermögen und suggerieren, dass sich Führungsaufgaben mechanisieren lassen.

Hinter allen betrieblichen Zahlen aber stecken Menschen mit individuellen Fähigkeiten, Talenten, Stärken und Kompetenzen – nicht nur auf der Soll-, auch auf der Haben-Seite, nicht nur innerhalb des Unternehmens, auch im Außenverhältnis.

Das wichtigste Potenzial eines erfolgreichen Unternehmens sind motivierte Mitarbeiter. Wo diese sich entwickeln und entfalten können – und dafür ist das Management in erster Linie verantwortlich –, identifizieren sie sich mit ihrer Aufgabe und streben von sich aus nach neuen kreativen und innovativen Lösungen. Dazu müssen aber auch Visionen und Ziele glaubwürdig und klar sein sowie von den Betroffenen verstanden werden. Der strategische Fit für ein zukunftsorientiertes Unternehmen im visionären Sinne könnte lauten: Der Mitarbeiter muss in den Gedanken des Chefs vorkommen und umgekehrt. Es muss ein Mitgefühl auf beiden Seiten entstehen. Grundsätze, Werte und Überzeugungen müssen aus der jeweiligen Identität heraus entwickelt werden. Nur so lässt sich eine kreative Spannung zwischen Vision und Wirklichkeit ermöglichen, die im Unternehmen eine neue und nutzbringende Energiequelle im Miteinander erschließen kann.

So hat die Führungspersönlichkeit im künftigen Organismus Unternehmen nicht mehr die Aufgabe, vorzutanzen und Anweisungen zur Ausführung zu bringen, sondern durch Coaching den anvertrauten Mitarbeitern den Sinnzusammenhang ihrer Tätigkeit bewusst zu machen und die Synergie-Effekte zu fördern – mit Vorleben durch eigenes Engagement (Steigerung der Energie- und Ressourcenproduktivität).

Der Führende ist nicht mehr nur der, der Befehle und Anweisungen von oben weitergibt und dafür sorgt, dass sie pünktlich ausgeführt werden, sondern er ist Mittler zwischen den Beteiligten, Dirigent im Konzert des gemeinsamen Tuns. Viele inhabergeführte Unternehmen gehen hier beispielhaft voraus. Sie haben erkannt, dass Zuverlässigkeit, Exaktheit, Schnelligkeit, Gehorsam und Anpassung nicht mehr ausreichen, um im Markt führend zu sein. Diese Sekundärtugenden können überall auf der Welt eingesetzt werden. Seelenlose Organisationssysteme, in denen Führung überwiegend als Werkzeugkasten mit Kennzahlen verstanden wird, motivieren niemanden mehr. Die emotionale Bindung in vielen Unternehmen ist deshalb im Sinkflug, wie die Forschergruppe Gallup in ihrem Engagement Index seit 2001 nachweist. Die Zahlen für 2010 sind entsprechend alarmierend: 21 Prozent gaben an, dass sie keine emotionale Bindung zu ihrem Unternehmen verspüren und gar 66 Prozent nur eine gering ausgeprägte und gefühlte Bindung. Diese Systeme halten deshalb den Herausforderungen und der Zukunft nicht mehr stand. Sie können am Markt keine adäquaten Preise mehr für ihre Leistungen erzielen.

## Die Relativität der Planung

Bei der Führung von Menschen - so viel ist bis jetzt schon klar geworden - kommt Managern eine herausragende Rolle zu. Erfolgreiche Zusammenarbeit hängt in erster Linie von ihrer Führung ab. *Ohne zielgerichtetes Zusammenführen der Aktivitäten aller Beteiligten sind nutzbringende, brauchbare Ergebnisse eher zufallsbedingt.*

Mit diesem Satz können der Sinn und das Ziel des Managements umschrieben und auf den Punkt gebracht werden. Führung organisiert danach das gemeinsame Agieren einer Mannschaft, eines Teams, einer Gruppe, einer Organisation, eines Unternehmens. Schon der legendäre Rockefeller wusste um die Schwierigkeiten, dieses Agieren wirksam auf ein gemeinsames Ziel hin zu steuern, und maß ihm deshalb den höchsten Wert von allen Führungsaufgaben bei. Von ihm stammt der Satz: „Für die Gabe, Menschen richtig zu behandeln, bezahle ich mehr als für jede andere Fähigkeit unter der Sonne."

In welchem aktuellen Umfeld aber wird sich Führung in Zukunft bewähren, wird sich Führung orientieren und einrichten müssen? Dazu gilt es die Veränderungen und Turbulenzen zu beachten, denn:

- Änderungsprozesse werden nicht mehr linear verlaufen. Sie werden zunehmend komplexer.

- Es wird keine zuverlässigen Prognosen aufgrund empirischer Befunde mehr geben. Immer dort, wo Ausgangsbedingungen nicht exakt definiert sind, können wir aus den Erfahrungen der Vergangenheit nicht mehr auf die Zukunft schließen.

- Da Änderungsprozesse nicht mehr linear verlaufen, verhalten sie sich wie die Gravitationskraft: Die Geschwindigkeit beschleunigt sich durch das Eigengewicht von selbst. Aber auch die Geschwindigkeit der Veränderungen ist nicht mehr vorhersehbar. Wir müssen lernen, uns auf Veränderungen einzustellen, ohne zu ahnen, welche Veränderungen wo und wann eintreten und wohin sie führen werden.

- Wir müssen uns immer mehr auf Turbulenzen einstellen. Veränderungen sind erst dann zu erkennen, wenn sie bereits eingetreten sind. Vorbeugendes Handeln im herkömmlichen Sinn wird für uns deshalb immer schwieriger, wenn nicht sogar unmöglich.

- Es häufen sich auch, wie die jüngsten Katastrophen (Naturkatastrophen in Neuseeland und Fukushima) und Umwälzungen (Freiheitsbewegungen in der arabischen Welt) zeigen, die vollkommen unerwarteten und unvorhersehbaren Ereignisse. Der ursprünglich aus dem Libanon stammende Nassim Nicholas Taleb hat das Bild des Schwarzen Schwans für solche seltenen und höchst unwahrscheinlichen Ereignisse geprägt. Diesen haben nach ihrem unerwarteten Eintritt eine enorme Macht über uns und damit sehr großen Einfluss auf unser Denken und Handeln. Ein solcher Schwarzer Schwan war sicherlich für viele auch die Finanzkrise, deren Eintrittswahrscheinlichkeit Mathematiker auf 1 : 100.000 ermittelt hatten, obwohl viele Anzeichen dafür hätten ausgemacht werden können.

- Planungssysteme und Ordnungsstrukturen greifen immer weniger, wir verlieren immer mehr die Steuerbarkeit. Was sich bisher bewährt hat, gilt nicht mehr. Die oft ausgefeilte strategische Planung ist nicht mehr ausreichend, denn sie erfordert meistens zu viel Zeit, um die sich bietenden Chancen zum richtigen Zeitpunkt auch wahrnehmen zu können. Sie ist zu starr und unflexibel. Meist ändern sich die Bedingungen schneller, als die Planung überhaupt verabschiedet werden kann. Die Frage ist also: Wie umfassend, fest oder flexibel sollte eine Strategie/Planung überhaupt sein und wie flexibel können unvorhergesehene Ereignisse aufgegriffen oder integriert werden?

*Fazit:* Führung scheint ein immer schwierigeres und immer weniger lohnendes Geschäft zu werden, und zwar in allen gesellschaftlichen Bereichen. Immer öfter stehen wir vor der Frage, ob Führung überhaupt noch sinnvoll ist, zumindest im traditionellen Verständnis. Es scheint, dass der Fortschritt gegenwärtig einen kontraproduktiven Charakter annimmt, die Qualität der Zivilisation nicht mehr steigt, sondern sich eher auf einem absteigenden Ast befindet.

Die Eskalation des Wandels betrifft dabei alle Bereiche: die Gesellschaft, die Wirtschaft, den Arbeitsmarkt, die Arbeit selbst, die Wertvorstellungen, die Absatzmärkte und die technologische Entwicklung. Die Konsequenz: Die in der Regel langfristig angelegten Strategien geraten immer mehr mit den sich immer schneller ändernden Innovationszyklen, der Dynamik und Globalisierung der Märkte in Kollision. Der Intuition lassen sie nur wenig Spielraum, da sie meist abstrakt formuliert und gehandhabt werden.

Neben dem Blick auf die bisher hochgepriesene strategische Planung und auf das operative Tagesgeschäft wird es aber gerade in den turbulenten Zeiten dieser Dekade überlebensnotwendig, frühzeitig sich erst vage abzeichnende Herausforderungen wahrzunehmen und in das eigene Kalkül einzubeziehen. Die starke Verflechtung aller Aktivitäten erfordert eine Betrachtungsweise in unterschiedlichen Alternativen oder Szenarien. Planung kann dann nur noch die Funktion von Leitplanken für das Unternehmensgeschehen haben.

## Wege zu einer neuen Führungsqualität

Zum größten Teil hängt es von den Führungsverantwortlichen ab, ob Mitarbeiter ihre Arbeit sinnvoll und im Einklang mit ihrer persönlichen Entwicklung erledigen und erleben können. Heute stellen wir oft schmerzhaft fest, dass die vorherrschenden Führungs- und Verhaltensstrukturen nicht mehr wettbewerbsfähig sind. Viele versuchen, die Probleme und Fragen dieses Jahrhunderts mit den Methoden und Rezepten des vergangenen Jahrhunderts zu lösen. Führungsverhalten, das auf der heute nicht mehr akzeptierten Befehlskette „Anordnen-Ausführen-Kontrollieren" basiert, führt eher zu Leistungsminderung und Resignation als zu Motivation und Engagement. Dazu gesellt sich meist ein Verschanzen hinter Abteilungsgrenzen, das echte Kommunikation erst gar nicht entstehen lässt.

Schwimmende Strukturen und unbekannt veränderliche Abläufe stellen sich einem immer noch weit verbreiteten absoluten Anspruch auf Gestaltung, Einfluss und Macht stärker entgegen.

„Wer die fachliche Kompetenz allein zur Basis seiner unternehmerischen Strategie macht", so der Persönlichkeitstrainer Baldur Kirchner, „wird dauerhaft nicht stabil bleiben. Ein so denkender Manager vergisst den existentiellen Wert des Zwischenmenschlichen."

Dies führt uns aber auch direkt zu der Frage der Legitimation der Führung für die Unternehmenswelt von morgen. Die folgenden Leitsätze, die Führungspersönlichkeiten von morgen auszeichnen, sollen dies verdeutlichen:

- Führen bedeutet in erster Linie dienen. Dies wird gerade für die Dienstleistungsgesellschaft immer wichtiger, denn in „Dienstleistung" steckt primär das Dienen. Dienen bedeutet dabei, als Berater, Partner, Coach und Experte mit Rat und Tat zur Verfügung zu stehen. Nur wer dienen kann, kann auch führen. Dazu gehören Vertrauen, Integrität und Bescheidenheit.

- Nur wer Kompetenz besitzt, kann glaubhaft überzeugen und inspirierende Ziele entwickeln. Diese Kompetenz wird in erster Linie eine sozial-kommunikative und emotionale sein müssen. Diese Kompetenz ist nicht auf schnellem Wege zu erwerben, sie muss vielmehr kontinuierlich aufgebaut werden.

- Nur wer Intelligenz umfassend im Sinne des lateinischen Wortursprungs von „verstehen, erkennen und einsehen" versteht und im Unternehmen umsetzt, kann ein tragfähiges Fundament für die Zukunft schaffen.

- Nur wer selbst gibt, kann auch verlangen und die Potenziale der ihm anvertrauten Menschen entfalten. Dieser Pool an Energien, Ressourcen und Leistungsfähigkeit ist viel größer, als wir oft wahrnehmen. Er ist fast unerschöpflich, weil er sich ständig verändert und durch Lernen und Wissenszuwachs immer umfangreicher wird. Die vorhandene Vielfalt nimmt dabei ständig zu.

- Nur wer durch eigenes Verhalten Vorbildwirkung erzeugt, Leistung und Verantwortung selbst lebt, kann glaubwürdige Visionen vermitteln. Führung wird viel stärker an der eigenen Persönlichkeit gemessen. Sie wird diese auch einbringen und ihr Tun begründen müssen.

- Nur wer selbst aktiv lernt, indem er seinen Standpunkt verlässt und mit dem Ungewissen operiert, öffnet anderen die eigene (unternehmerische) Sicht, die so oft vergeblich eingefordert wird.

- Wer unternehmerisches Denken und Handeln auf allen Ebenen fordert, muss zunächst lernen, sich selbst anders einzuschätzen und zu verhalten. Denn so lange Mitarbeiter auf kurzfristige Erfolge programmiert werden, so lange werden sie keine echte Bereitschaft zeigen und Kompetenz erwerben, dem Kunden wirklich mit Rat und Tat zu dienen.

- Nur wer selbst begegnungsfähig ist, kann andere mitnehmen, sie zu Verbündeten der eigenen Ideen machen. Wer das Miteinander mit anderen sucht, verfügt nicht nur über ein größeres Reservoir an Wissen, Können und Verhaltensweisen, er kann auch sehr viel mehr mit größeren Erfolgsaussichten bewegen.

Die Folgerung aus diesen Leitlinien: Der Manager von morgen ist Ideengenerator, Katalysator und Förderer für seine Mitarbeiter, er ist Pionier, Koordinator, Moderator und Impulsgeber für neue Prozesse und er ist Integrator, Dirigent, Betreuer und Kommunikator. Personalkompetenz muss zu seinem inneren Besitz werden, das heißt: Aktivieren der bislang vielfach ungenutzten Ressourcen und Energiereserven im Unternehmen.

Die Herausforderung für Manager heißt deshalb Mitarbeiter- und Kundenorientierung zugleich. Manager müssen also in verschiedenen vernetzten Rollen glaubwürdig agieren können, das heißt: die vernetzten Folgen ihrer Entscheidungen möglichst weitreichend überblicken können und gleichzeitig die Fähigkeit besitzen, andere Menschen in ihrer Befindlichkeit anzunehmen, sie zu verstehen, zu beraten und zum Erfolg zu führen, ganz gleich, ob dies Kunden, Mitarbeiter oder Geschäftspartner sind. Nur derjenige wird erfolgreich auf verschiedenen Ebenen agieren und seine Verantwortung wahrnehmen können, der ein flexibel einsetzbares Repertoire an sozialen und strategischen Verhaltensweisen erlernt hat und beherrscht. Führungsqualifikationen sind so verstanden gleichzeitig auch Marktqualifikationen für einen turbulenteren Wettbewerb.

Wir benötigen einen Manager-Typus, der strategisch denkend, risikobewusst, fähig zur Begeisterung und orientiert am Team Innovationen glaubwürdig, sozialverträglich und langfristig orientiert umsetzen kann. Und wer eine innovative Unternehmenskultur schaffen will, wer eine lebendige Unternehmensphilosophie vorleben will, der muss dies glaubhaft und nachvollziehbar kommunizieren. Er ist sich dabei auch bewusst, dass er mit motivierten und zufriedenen Mitarbeitern Ziele besser erreichen kann.

Diese Führungsqualität hat schon Friedrich von Schiller in seinem „Wallenstein" durch Max Piccolomini treffend formuliert (1. Aufzug, 4. Auftritt):

*Und eine Lust ist's, wie er alles weckt*
*Und stärkt und neu belebt um sich herum.*
*Wie jede Kraft sich ausspricht, jede Gabe*
*Gleich deutlicher sich wird in seiner Nähe!*
*Jedwedem zieht er seine Kraft hervor,*
*Die eigentümliche, und zieht sie groß,*
*Lässt jeden ganz das bleiben, was er ist,*
*Er wacht nur drüber, dass er's immer sei*
*Am rechten Ort; so weiß er aller Menschen*
*Vermögen zu dem seinigen zu machen.*

Sehr deutlich werden hier der Blick und das Gespür für das Individuum mit seinen persönlichen Stärken und seinen Möglichkeiten. Gefragt sind also Persönlichkeit und Führung durch Vorbild. Gefragt ist der Abbau von Berührungsängsten. Gefragt ist Kommunikation, die sich ungeachtet von Hierarchieebenen abspielt.

Die Konsequenz daraus: Angepasste Ja-Sager, Schwätzer, Fehlervermeider, Egozentriker, Kreativitätsverhinderer oder Innovationsbremser werden wir uns in Zukunft besonders an den Schaltstellen von Wirtschaft und Politik, von Gesellschaft und Organisationen immer weniger leisten können. Dies gilt aber auch für den einzelnen Mitarbeiter, wenn er seine Aufgaben ernst nimmt und etwas gestalten will. Wir müssen dazu aber bei den Menschen ein Bewusstsein der Herausforderung schaffen. Als Motto für eine so verstandene Führungskompetenz liefert uns der Mathematiker Carl Friedrich Gauß folgende Vorgabe:

> *Es ist nicht das Wissen, sondern das Lernen,*
> *nicht das Besitzen, sondern das Erwerben,*
> *nicht das Da-Sein, sondern das Hinkommen,*
> *was den größten Genuss gewährt.*

Dazu müssen wir die sich bietenden Gelegenheiten zum Lernen beim Schopfe packen und uns die Offenheit bewahren, Altes zu ver- und entlernen. Denn Lernen wird in Zukunft immer stärker einhergehen müssen mit Ver- und Entlernen. Das heißt auch, immer wieder neu zu lernen, mit der eigenen und fremden Unvollkommenheit verantwortlich umzugehen. Und Anpassung an Veränderungen heißt lernen und entwickeln, um in neuen Situationen richtig entscheiden und handeln zu können. Notwendige Voraussetzung ist eine Lernfähigkeit, die nicht in der Ansammlung von immer mehr Daten oder Informationen besteht, sondern die ständig überlebensnotwendige Daten und Informationen auch verarbeiten und verantwortungsvoll einsetzen kann.

In der Unternehmenspraxis und im gesellschaftlichen Alltag ist bisher nur in wenigen Ausnahmefällen eine durchgängige Bereitschaft für ein anderes, ein neues Verhalten und Denken vorhanden. Dabei müssten die überall um sich greifende Dynamik und die alle Bereiche erfassenden Turbulenzen jedem klargemacht haben, dass Lippenbekenntnisse, Worthülsen oder zweckbestimmte, vielfach zurechtgebogene Veränderungsansätze kein taugliches Mittel sind und kein Problem der nächsten Jahre lösen können.

Deshalb müssen wir lernen, dass unser Denkrahmen trotz aller bisherigen Erfolge nicht mehr ausschließlich Grundlage unserer Entscheidungen sein kann. Wir müssen Alternativen wieder entdecken, um bessere Ergebnisse zu erreichen. Widersprüche und Konflikte können uns dabei als Chancen weiterhelfen. Die ach so geliebte und immer wieder angestrebte Eindeutigkeit hat da nur wenig Platz. Dies heißt allerdings nicht, einer Zweideutigkeit im Sinne von Unverbindlichkeit und Unbestimmtheit das Wort zu reden. Vielmehr sind Denken und Handeln in Alternativen gefragt, weil die bislang gepflegte Einschränkung und das Streben nach Eindeutigkeit an der zukünftigen Realität scheitern werden.

## Aufbruch zu einem anderen Menschenbild

Managern kommt bei der Führung von Menschen eine herausragende Rolle zu. Deshalb stehen sie vielfach im Rampenlicht des öffentlichen Interesses, deshalb stehen sie heute und in Zukunft noch stärker auf dem Prüfstand. In diesen dynamischen Zeiten hat Verwaltungsmentalität oder Führung „nach Gutsherrenart" ausgedient. Die Spielregeln der Vergangenheit können nicht mehr erfolgversprechend angewandt werden. Die gegenwärtigen Organisationsmuster sind oft ein Relikt aus den Zeiten, in denen höchst wirkungsvolle Befehl-Gehorsam-Strukturen mit Erfolg funktionierten und Mitarbeiter zu Mitläufern und Ja-Sagern degradiert wurden.

Heute prägt ein anderes Menschenbild unsere Gesellschaft. Die Endzeit der sogenannten Führungsmechaniker ist gekommen, die eine Organisation oder ihre Unternehmen nur als funktionierende Maschinen betrachten. Strukturen und Systeme scheinen, wie Robert Waterman ausführt, oft nur einen Sinn zu haben: Menschen engen Beschränkungen zu unterwerfen und endlose Prozeduren in Verhaltensrichtlinien, Stellenbeschreibungen, Handbüchern, Verträgen und Geschäftsordnungen oder Gebrauchsanweisungen festzuhalten.

So geben unsere bisherigen Systeme den Menschen oft keinerlei Gelegenheit, das zu tun, was sie wirklich können. Im Gegenteil, sie legen ihnen unnötige Fesseln an, stellen überflüssige Barrieren auf und behindern dadurch Kreativität, Leistung und Motivation. Da diese Hindernisse in vielen Unternehmen dominieren, sollte das Hauptaugenmerk in der Alltagspraxis zunächst ihrer Beseitigung gelten. Erst dann stellt sich das Problem der Zielgerichtetheit von Kreativität. Erst dann stellt sich die Frage, wie viel Kreativität überhaupt sinnvoll ist oder sinnvoll in Ergebnisse umgesetzt werden kann. Heute konstatieren wir immer noch einen enormen Mangel an kreativer Energie, der aber oft genug durch die herrschenden Strukturen bedingt ist.

Die vom Militär vermittelten Wertordnungen wie Anpassung, Pflichterfüllung, Disziplin und Gehorsam sind dem Drang nach Freiheit, Individualität, Eigeninitiative, Eigenverantwortung, Selbstentfaltung und nach Mitwirkung gewichen. Der Taylorismus und das autoritäre Befehlsmodell funktionieren nicht mehr, in keinem Bereich. An die Stelle des für den autoritären Führungsstil kennzeichnenden Misstrauensgrundsatzes muss ein auf Vertrauen basierendes Miteinander treten. Mitbeteiligung an Entscheidungsprozessen und kooperatives Führungsverhalten müssen die heute immer weniger akzeptierten Befehls- und Anordnungsstrukturen ersetzen.

Denn mit überzogenen technokratischen Mitteln, mit perfekten Richtlinien, Handbüchern, mit bis zum letzten Detail vorgeschriebenen Abläufen haben wir keinerlei Garantie mehr für Erfolg in der Hand. Vielmehr ist es das personale Moment, die Zusammenarbeit, das Miteinanderreden, der konstruktive Dialog und der kommunikative Austausch – kurz das Miteinander, welche Erfolg letztlich ausmachen.

Aus Befehlsempfängern von einst werden zunehmend qualifizierte, gut ausgebildete und kritische Mitarbeiter, die in ihrer Arbeit Sinn, Erfüllung und Mitgestaltung suchen. Die Mitarbeiter tragen den gesellschaftlichen Wandel in die Unternehmen hinein. Die Turbulenzen des Umfeldes und der Märkte finden sich so auch im sozio-technischen System und Interaktionsgefüge „Unternehmen" wieder.

Den Wertewandel, der dahinter steht, hat aber ein Großteil der Führungskräfte nicht wirklich wahrgenommen, geschweige denn verinnerlicht. Die Mehrzahl ist immer noch der Meinung, die Leute wollten, dass man ihnen sagt, was sie zu tun haben. Diese frönen also immer noch einem alten, autoritären Führungsverständnis. Diejenigen aber, die ein

Aufeinanderzugehen, eine Vertrauensorganisation und weniger Kontrolle auf ihre Fahnen geschrieben haben, erreichen inzwischen bei weitem bessere wirtschaftliche Ergebnisse.

Aber die Erfolgsfaktoren Vertrauen und Aufeinanderzugehen werden immer noch von zu wenigen der Führungskräfte akzeptiert und gelebt. Dabei stehen viele Mitarbeiter Neuem aufgeschlossener gegenüber als manche Manager. Aber sie werden grundsätzlich zu wenig einbezogen in den Wandel. Sie werden – eine Managementsünde erster Ordnung – nicht einmal rechtzeitig informiert. Wenn Menschen jedoch rechtzeitig teilhaben und mitgestalten können, kommen Neuerungen wesentlich leichter und schneller in Gang.

Wenn Mitarbeiter rechtzeitig mitgestalten können, dann vermindert sich auch das Risiko, am eigentlichen Ziel vorbeizuschießen. Es vermindert sich auch das Risiko, dass eine neue Zielsetzung nicht angenommen, abgelehnt oder gar blockiert wird. Welche überraschenden Ergebnisse zum Beispiel erzielt werden können, wenn – wie schon erwähnt – Entscheidungskompetenz mit Sachkompetenz zusammengeführt wird, lässt viele ins Staunen geraten, weil es zu oft nicht für möglich gehalten wurde, dass dies funktioniert und dass dadurch eine viel bessere Arbeitssituation für alle entsteht.

## Führungskompetenz wird zum entscheidenden Wettbewerbsfaktor

Führungskompetenz wird – und dies ist noch zu wenigen wirklich klar geworden – auch auf den Märkten entscheidend das Spiel bestimmen. Es reicht nicht mehr aus, Symptome zu kurieren, wie es in der Vergangenheit oft genug getan wurde. Der einzig gangbare Weg ist die Identifizierung der Ursachen von Problemen und deren Behebung, um die Leistungsbereitschaft insgesamt wieder zu beleben und Innovationen im Unternehmen selbst zu ermöglichen und die Innovationsfähigkeit zu stärken.

Die angemessene Beschreibung der Führungskompetenz für Zeiten raschen Wandels heißt deshalb:

- Unternehmen und Menschen bewegen in schnell und ständig wechselnden Marktsituationen,
- Unternehmen und Menschen bewegen, deren Innenleben und deren Prioritäten sich vollständig verändert haben,
- Unternehmen und Menschen bewegen auf ein Ziel hin in sich immer und überall ändernden Strukturen und Organisationen.

Aufgabe der Unternehmen und der Wirtschaft als den mächtigsten Institutionen auf dieser Welt, wie Evolutionsforscher Ervin Laszlo sie einschätzt, ist es, Wandel und Veränderungen in Gang zu bringen und zu lenken. Führung sucht also danach, den Wandel zu fördern und zu beherrschen, das heißt, ihn zu einem inneren Prinzip in Organisationen, in Unternehmen, in Abläufen, in Prozessen und in Menschen zu machen.

Die Qualität der Führung zeigt sich dabei darin, welche Kristallisationspunkte sie für die Optimierung von Kreativität zu setzen in der Lage ist. Mitarbeiter avancieren danach zur Innovations-, Kreativitäts- und Energieressource ersten Ranges. „Führung durch Führungsverzicht" - so könnte die schlanke Formel für die gesuchte Qualität des zukünftigen Managements lauten. Dies bedeutet aber nicht die totale Verabschiedung von Autorität. Vielmehr gilt hier wie überall, nur noch stärker spürbar: richtige Autorität, die nicht auf Machtausübung, sondern auf Anerkennung beruht. Diese Autorität bedarf keiner autoritären Strukturen. Diese Autorität stellt das Miteinander in den Vordergrund und handelt verantwortungsvoll.

## Von anderen Disziplinen lernen

Der neue Aufbruch in Richtung echter und wirksamer Führungsqualität kommt denn auch aus anderen Fachrichtungen und beruft sich folgerichtig auch auf andere, dem Management bisher nicht so geläufige Disziplinen. Hier sei nur die Philosophie, die Chaosforschung, die Mathematik, die Physik, die Evolutionstheorie oder die Nano- und Biotechnologie genannt.

Der Kern der evolutionären Erkenntnis ist der dynamische Prozess, der Wandel und Entwicklung bestimmt. Die Evolutionstheorie führt uns dahin, in Begriffen einer komplexen Dynamik zu denken. Sie erkennt Chaos, Unordnung und Zufälligkeit als gegeben an. Das evolutionäre Denken betrachtet die Dinge immer im Zusammenhang, im Zusammenwirken und im Miteinander.

Von Evolutionsforscher Ervin Laszlo stammt der Satz: „Die Manager besitzen die größte Lenkungskraft, daher tragen sie auch die größte Verantwortung. Manager spielen heute mit Faktoren, die zu den kritischsten für die Welt geworden sind. Denn sie stehen dichter als jeder andere in einem globalen Netz von Ursache und Wirkung." Statt der Zerlegung von Prozessen in kleine, einfache Arbeitsschritte, hinter der das Bild vom Unternehmen als Maschine steht, sollte sich das Management dem evolutionären Denken und Planen zuwenden, das Unternehmen und Organisation als Organismus versteht.

Wirtschaft und Gesellschaft sind so gesehen evolutionäre Subsysteme, die Gesetzen folgen, die wir aus der Biologie kennen. Sie stehen miteinander in Wechselbeziehungen, geben Energie ab und nehmen sie auf, passen sich an und entwickeln sich im wechselseitigen Spiel der Kräfte weiter. Wenn es aber darum geht, die Komplexität in diesem Wechselspiel zu erfassen, dann sind lineare Modelle ungeeignet, und lineares Denken greift zu kurz. Sie kennen keine Unordnung und kein Chaos. Lineares Denken führt uns auch im Unternehmen nicht mehr weiter. Die Rationalität der strategischen Planung versagt immer häufiger. Die Dinge bewegen und verändern sich viel zu schnell, als dass wir in der Lage wären, sie logisch wirklich auseinanderzuhalten.

Die Mathematik und die Naturwissenschaften beschäftigen sich seit geraumer Zeit mit dem Chaos. Relativitätstheorie und Quantenmechanik markieren den Abschied vom Kausalitätsprinzip. Dabei kündigt sich eine radikale Wende im überkommenen Weltbild an: Lange glaubte man, Chaos rühre aus einer Komplexität her, die man im Prinzip doch immer auf ihr wohlgeordnetes Fundament reduzieren könne. Ordnung und Chaos aber existieren nebeneinander und sind eng miteinander verwoben.

Kennzeichen eines dynamischen Systems ist dabei, dass die Geschwindigkeit der Veränderungen mit zunehmender Dauer der Entwicklung selbst immer mehr zunimmt, sich also selbst beschleunigt. Das Chaos gehört zum neuen Bild der Welt. Es wird auch zum neuen Bild der Unternehmen und zum neuen Bild der Führung gehören. Während Manager vor einigen Jahren noch mit der Illusion leben konnten, die Zukunft wäre für Unternehmen, also auch für ihre eigene Arbeit ausreichend planbar, setzt sich die Erkenntnis durch, dass Unternehmen mit dieser vereinfachten Weltsicht nicht mehr länger eine sichere Basis für ihre Arbeit und für ihre Zukunft haben. Chaos bedeutet aber nicht Durcheinander, sondern, dass unter bestimmten Umständen Entwicklungen nicht mehr vorhersehbar und somit vorhersagbar sind.

Chaos und Management waren bislang sich widersprechende Begriffe. Die Erkenntnis, dass im Grunde fast allen Prozessen unseres Alltags die Chaosregeln offener dynamischer Systeme zugrunde liegen, mag sich nur langsam durchsetzen. Ihre Brisanz wird aber auch im Management ungewöhnliche Umdenkprozesse mit sich bringen. Wo bisher der Schwerpunkt auf Struktur, Ordnung, Berechenbarkeit von Vorgängen lag, identifiziert man jetzt zunehmend beständige Flüsse von Ereignissen, endlose Prozesse und offene Zukünfte. Über kurz oder lang werden diese Erkenntnisse unsere Sichtweisen unseres Lebens grundlegend verändern. Diese neue Sichtweise entspricht aber mehr unserer wahren Umwelt, als uns dies die alten Dogmen von Ordnung und System immer noch suggerieren möchten.

Deshalb muss das Verständnis von Management als einer Kunst, Chaos mit Ordnungsstrukturen zu bändigen oder gar zu vermeiden, endgültig der Vergangenheit angehören. Wir alle haben uns allzu sehr daran gewöhnt, dass Management viel mit Ordnungsdenken, Zielformulierung, Präzision und Strukturbewusstsein zu tun hat.

Die jüngste Vergangenheit aber lehrt uns, dass wir damit nicht weiterkommen, auch wenn angesichts weltweiter Katastrophen und Krisenerscheinungen eine vielerorts spürbare Sehnsucht nach Ordnung und Orientierung verständlich ist. Von Managern wird in Zukunft Chaos-Fähigkeit verlangt. Die meisten Menschen verbinden mit Chaos immer noch ein heilloses Durcheinander, einen Zustand also, in dem vieles

„drüber und drunter" geht, in dem kaum etwas Konstruktives oder Kreatives entstehen kann. Aber Chaos, wie wir es hier verstehen, hat damit wenig oder gar nichts zu tun.

Auch Unternehmen und Organisationen funktionieren wie unsere Gesellschaft und die Wirtschaft als Ganzes nach den Chaosregeln. Wenn wir (das Management) zu viel Planung (Ordnung) schaffen und zu sehr durch Regelungen eingreifen, funktionieren Unternehmen und Organisationen heute nicht mehr. Dies ist die Erfahrung der jüngsten Vergangenheit, die als solche noch viel zu wenig im Arbeitsalltag angekommen ist.

Genau aus diesem Grund wird der Umgang mit Chaos für das Management interessant. Im Chaos des Umbruchs – das hat auch die Menschheitsgeschichte oft genug bewiesen – entfaltet sich menschliches Potenzial. Dazu brauchen wir weniger Ordnungsliebe, sondern viel mehr Offenheit für Ungewisses und nicht vorhersehbare Ereignisse.

Wir haben durch unser abendländisches Ordnungsstreben, dem Chaos zutiefst widerstrebt, aber die wichtigste Quelle, Kreativität und Innovationskraft, zugeschüttet. Auch die Industrialisierung mit ihrem Denken und Streben in einfachsten Arbeitsschritten hat dazu ihren Beitrag geleistet. Eine Antwort auf die Informations- und Dienstleistungsgesellschaft, auf die Netzwerkökonomie kann deshalb von diesem Denken nicht ausgehen.

Nicht nur Naturwissenschaftler und Mathematiker wurden und werden durch die Chaostheorie mit einer Reihe von Überraschungen konfrontiert. Deren Konsequenzen werden eine immer noch weit verbreitete Wissenschafts- und Technikgläubigkeit relativieren. So werden wir – wie schon erwähnt – zahlreiche Phänomene trotz strengem naturwissenschaftlichem Determinismus nicht mehr auf lange Sicht prognostizieren können. Deshalb könnte der Leitsatz zur Führung der Zukunft in Anlehnung an den Schweizer Chaosforscher Peter Müri lauten:

*Nur wo bestehende Ordnungen hinterfragt werden,*
*nur wo Systeme umgestaltet und bestehende Werte*
*verschoben werden, entsteht schöpferische Kreativität,*
*regt sich Schöpferisches.*

Die Einladung zum Chaos-Management und zur Chaos-Fähigkeit verfolgt also das Ziel, mit der Flexibilisierung bestehender Ordnungen unbeschwerter umgehen und sich im Freimachen von Hemmnissen üben zu können. Chaos beginnt dabei, wenn sich Wertordnungen auflösen und neue Horizonte auftun. In diesem wohlverstandenen Sinne birgt Chaos riesige, bislang ungenutzte Chancen und neue Möglichkeiten.

Die Erkenntnisse der Chaosforschung rücken ja gerade für das Management die Ganzheit und den Wandel ins Bewusstsein und zeigen die Wechselbeziehungen und das Miteinander - wie es im Zentrum dieses Buches steht - zwischen vielen verschiedenen Dingen und Disziplinen. Chaos ist somit nicht etwa eine heillose Unordnung, sondern ein Zustand, der sich nach strengen Regeln entwickelt, die allerdings nicht leicht zu erkennen sind, weil alle Faktoren sich gegenseitig immer wieder beeinflussen und zusammenhängen.

Für die Führungskräfte bedeuten die Erkenntnisse aus der Chaosforschung, endgültig Abschied zu nehmen vom allzu lange gepflegten Mythos eines omnipotenten Machers an der Spitze, endlich Abschied zu nehmen von funktionalen Strukturen, von festgelegten Organigrammen, von hierarchischen Entscheidungsmechanismen und von linear ausgerichteten Handlungsstrukturen. Sie bedeuten auch, Abschied zu nehmen von der Illusion, ein Unternehmen lenken zu können. Die Mitarbeiter erstellen die Produkte, sie produzieren am Markt verkäufliche Qualität. Die Erfolgsformel heißt deshalb: Gemeinsam und im Miteinander können wir etwas bewegen.

## Die Wiederbelebung einer echten Wertorientierung

Neben der Entdeckung anderer Disziplinen und Erkenntnisse manifestiert sich die neue Dimension in der Führung auch in der einsetzenden Diskussion über die Renaissance eines nachhaltigen Managements. Sollten Unternehmen sich nicht wieder auf ihre Stärken besinnen, wenn sie im internationalen Wettbewerb erfolgreich sein wollen? Wie können wir Unternehmensstrategie, ökonomische Effizienz und nachhaltige Entwicklung verbessern und miteinander verknüpfen?

In jüngster Zeit mehren sich die Stimmen, die das reine Shareholder-Value-Denken kritisch hinterfragen und seine Realitätstauglichkeit gründlich in Frage stellen. Die Zielsetzung sollte deshalb lauten, langfristig Wertschöpfung zu generieren und dabei die Beziehungen des Unternehmens zu seinem gesamten Umfeld nicht aus dem Auge zu verlieren. Dabei rücken auch die immateriellen Werte stärker in den Vordergrund. Es ist durchaus an der Zeit, diese Werte in die Unternehmensstrategie zu integrieren im Sinne einer „Wertebalancierten Unternehmensführung". Eine auf Werte ausgerichtete Unternehmensführung genügt auch der Forderung nach ökonomischer, gesellschaftlicher und humaner Zukunftssicherung.

Was sollte in diesem Sinne ein zukunftsgerichteter Unternehmenszweck sein? Zum Unternehmenszweck zählen danach die Interessen der Eigner genauso wie die Bedürfnisse der Kunden, Geschäftspartner, Mitarbeiter, der Gesellschaft und des Managements. Die Entwicklung der vergangenen Jahrzehnte aber führte dazu, dass die Spielregeln, besonders an den Aktienmärkten, immer kurzfristiger ausgelegt wurden. Der Unternehmenszweck schrumpfte im Zuge dieser Entwicklung immer mehr zusammen und entsprach oft nur noch dem Erwartungshorizont der Analysten. Dies kann jedoch nicht im Sinne einer langfristig orientierten, nachhaltigen Unternehmensentwicklung sein.

Als Reaktion darauf rücken nun wieder verstärkt immaterielle Werte in den Vordergrund. Darunter fallen das intellektuelle Vermögen eines Unternehmens, das Wissen und die Fähigkeiten der Mitarbeiter, Kreativität und Innovationsfähigkeit, das Image des Unternehmens, die Qualität und das Ansehen der Marke sowie das gesamte Beziehungsgeflecht. Diese Werte passen jedoch nicht in das Schema der gepflegten Bilanzierungs- und Reportingpraxis, weil sie nach gängigen Kriterien kaum messbar sind. Sie lenken aber den Blick auf die vorhandenen Energien und Ressourcen im Unternehmen, wie wir sie hier verstehen.

Welcher Manager aber wusste nicht, dass diese Werte für die Eigenständigkeit und den Wert des Unternehmens und damit für dessen erfolgreiche langfristige Entwicklung wichtig waren? Wurden diese Werte nicht allzu oft als sogenannte weiche Faktoren in den Führungsgrundsätzen und Leitbildern abgelegt, ohne dass irgendjemand sich wirklich damit auseinandersetzte? In den ergebnisorientierten Zahlen- und Planungsvorgaben wurden sie jedenfalls kaum berücksichtigt.

Die immateriellen Werte werden in Zukunft aber eine neue strategische Bedeutung erlangen. So wie Information und Wissen zu den wichtigsten Ressourcen in der Wissensökonomie und Informationsgesellschaft werden, rücken auch die Kenntnisse und Fähigkeiten der Menschen in den Mittelpunkt des Wertschöpfungsprozesses, wird die Unternehmenskultur in Zukunft zum Alleinstellungsmerkmal.

Wir erleben schon heute eine allmähliche Verschiebung der ökonomischen Wertbestimmungen, und zwar von materiell zu immateriell, vom reinen Sachkapital in den Bilanzen zum intellektuellen Kapital in den Köpfen. Und genau in dem intellektuellen Kapital liegt das Potenzial der Unternehmen, aus dem sie die Wertschöpfung von morgen generieren. So wird auch das Geflecht der Beziehungen innerhalb des Unternehmens und nach draußen zu einer der Quellen für die Wertschöpfung. Vielleicht ist aus den Fehlern der jüngsten Vergangenheit am wichtigsten zu lernen, dass die Dominanz eines unternehmerischen Ziels zu Lasten anderer gehen muss und insgesamt dadurch kontraproduktiv wird. Vielmehr sollte eine Ausbalancierung der Ziele angepackt werden, damit sich die Vielfalt des menschlichen Faktors als die entscheidende Stärke für die Zukunft beweisen kann.

Die Kernfrage für diese Dekade lautet also: Welche wirtschaftliche, politische, gesellschaftliche, technische, aber auch ethisch verantwortbare Führungsform wird in der Lage sein, die vor uns liegenden Herausforderungen erfolgreich zu meistern? Wie entwickelt man also eine tragende Unternehmenskultur, die auf Verantwortung, Vertrauen und Miteinander beruht? Welche Kompetenzen braucht das Management dazu?

Ich habe versucht, eine neue Führungsqualität aufzuzeigen, die den globalen Stürmen gewachsen ist und standhalten kann. Deshalb wurde hier auch klargestellt, in welchem Kontext Führung und Management stattfinden werden. Führung in diesem Sinne heißt:

- Visionen und Strategien vermitteln,

- Vertrauen übermitteln und binden durch Interesse und Zuwendung,

- Maßstäbe setzen durch eigenes Verhalten,

- die Marschrichtung zeigen für gemeinsame Ziele,

- Zustimmung gewinnen und erhalten sowie

- überzeugen durch umfassende Kommunikations- und Führungskompetenz.

Ludwig Erhard stellte bereits 1956 fest: „Mit unserer geistigen und sittlichen Haltung von heute formen wir auch schon unser Sein von morgen." In diesem Sinne können Manager die Spielregeln der Vergangenheit nicht mehr fortschreiben, denn die bislang angewandten Kontrollmechanismen greifen zunehmend ins Leere. Erfolgreiches Management erfordert in Zukunft evolutionäre Führungsprozesse bei den einzelnen Führungskräften, bei den Mitarbeitern und bei den Organisationen.

Es geht in Zukunft darum, bewusst Risiko zu managen – und das im Rahmen von einem schärfer werdenden Tempo-Wettbewerb mit kürzeren Zyklen und paradoxen Produkt-Moden. Damit geht die Stabilität endgültig verloren. Nur derjenige wird deshalb langfristig erfolgreich sein können, der sich ein neues Instrumentarium erarbeitet und aneignet, das ihn befähigt, die nicht-lineare, komplexe und vernetzte Dynamik, ja Chaos, zu managen. Es geht auch darum alte Ordnungsideale abzulegen.

Im Gegensatz zu früher werden immer mehr Menschen Entwicklungen visionär vorantreiben müssen. Dazu müssen wir mehr Freiraum für die Selbstentfaltung von Menschen schaffen, die auch die Freiheit einfordern werden, völlig andere und neue Ziele zu definieren. Dieser Prozess basiert auf Kooperation, auf Partnerschaft und gegenseitigem Vertrauen, auf einem neuen Miteinander, auf klarer und offener Kommunikation, auf konstruktivem und kreativem Dialog sowie auf einer echten Kultur der Umgangsqualität. Und die Qualität der jeweiligen Führung, des jeweiligen Managements lässt dabei gewisse Rückschlüsse auf die innere Verfassung von Organisationen, von Unternehmen, von Gesellschaften, von Regionen und Ländern zu.

# 5 Umdenken ist möglich – Qualifikationsanforderungen an das Management der Zukunft

*„Wer sesshaft und Sammler wird,*
*wer sich auf Erfolgen ausruht,*
*der ist das Opfer von morgen.*
*Es ist besser, sich selbst*
*mit Innovationen*
*Marktanteile wegzunehmen,*
*als diese der Konkurrenz zu überlassen. "*

Hermann Simon

Man kann niemanden überholen, in dessen Fußstapfen man bleibt! In diesem Satz steckt fast die gesamte Problematik unserer gegenwärtigen und zukünftigen Führungssituation. Wie oft folgen wir nur den Fußstapfen anderer, vermeintlich Erfolgreicherer, ohne uns wirklich ernsthaft zu fragen, was die eigentlichen Erfolgsfaktoren waren und sind, in welchem Umfeld und mit welchen Menschen (Mitarbeitern) der bisherige Erfolg erreicht wurde.

Bei all diesen Überlegungen kommen meines Erachtens gerade in den Unternehmen folgende Tatsachen zu kurz:

- Kostensenkung allein sichert noch kein Stück Zukunft.

- Kostensenkung allein bringt noch keine Produktivitätsverbesserung.

- Kostensenkung allein schafft noch keine Innovation für zukünftige Märkte.

- Kostensenkung allein garantiert noch keine Kompetenz für künftige Herausforderungen.

- Kostensenkung allein bedingt noch keinen Wissenszuwachs.

- Kostensenkung allein kann keine Energien entfalten.

- Kostensenkung allein eröffnet keinen Zugang zu der vorhandenen Vielfalt.

- Kurzfristiges Streben nach schnellen „guten Zahlen" stimuliert noch keine Kreativität.

Wir müssen vielmehr darauf achten, Wissen und Kompetenzen zu fördern, mit denen wir in Zukunft Wettbewerbs- und Marktvorteile erzielen wollen. Viele der jüngsten Probleme sind in viel größerem Ausmaß struktureller Natur, als wir uns dies meist klar machen wollen. Und zu viele Unternehmen stehen vielen der jüngsten Entwicklungen oft ideenlos gegenüber. Dann hören wir das Klagelied der Kostenkrise, wobei die sich eigentlich dahinter verbergende Innovationskrise kaschiert wird. Langfristig angelegte qualitative Leitlinien und Visionen haben aber Seltenheitswert als strategische Eckpfeiler einer zukunftsorientierten Unternehmensstrategie. Eine Hymne auf solche Leitlinien finden wir kaum und vernehmen sie eher selten.

Die qualitativ völlig veränderten Markt- und Rahmenbedingungen, schärferer globaler Wettbewerb, Sättigung vieler Märkte, Differenzierung und Fragmentierung der Absatzmärkte, verändertes Nachfrageverhalten, kritischere und kundigere Kunden, austauschbare Produkte, neue Organisationsformen oder die drastisch verkürzten Produktlebens- und Verfahrenszyklen, diese Veränderungen sind nicht zufällig über uns hereingebrochen. Nein, sie sind vielmehr als vorhersehbare Konsequenz der wirtschaftlichen Entwicklung der vergangenen 60 Jahre einzustufen.

Jeder kann mittlerweile feststellen, dass überkommene Strukturen der Hierarchie sich auflösen und dass überholte Denkweisen tayloristischer Prägung nicht mehr praktikabel werden. Rationalem Wissen, wie es vor allem im westlichen Kulturkreis propagiert wird, sind Grenzen gesetzt. Diese Grenzen unserer Denkmuster werden wir später im Einzelnen untersuchen und die Verbindungslinien zu unseren Denktraditionen herstellen. Diese Grenzen werden aber auch deshalb immer deutlicher, weil das rationale System sich zu sehr auf abstrakte Konzepte und lineare Strukturen beschränkt. Newtons Linearität ist zumindest für das Management von Zukunfts-Unternehmen endgültig obsolet geworden.

Wir müssen uns mehr und mehr auf unvorhersehbare Ereignisse einstellen. Diese treten oft gerade deshalb ein, weil niemand damit rechnet oder davon ausgeht, dass sie überhaupt eintreten können. Nassim Taleb hat solche höchst unwahrscheinlichen Ereignisse als „Schwarze Schwäne" bezeichnet, mit deren Existenz lange auch niemand gerechnet hatte.

Wir wollen das einprägsame Bild des Schwarzen Schwans auch hier verwenden für unwahrscheinliche und unerwartete Ereignisse, weil es so einprägsam ist. „Entdecker und Unternehmer sollten bei ihrer Strategie daher weniger auf Top-down-Planung setzen, sondern sich auf maximales Herumprobieren und das Erkennen der Chancen, die sich ihnen bieten, konzentrieren." (Taleb, 2008, S. 6) Wie die jüngste Häufung von Katastrophen und Ereignissen in Neuseeland, Japan und in den arabischen Ländern zeigt, müssen wir uns intensiver mit dem Phänomen der Schwarzen Schwäne und deren vermehrtem Auftreten befassen. Ja sie scheinen häufiger einzutreten, als wir dies wahrhaben wollen.

Gerade in Umbruchsituationen – und wir befinden uns gegenwärtig, wie bereits im Prolog mit dem Beginn eines neuen Kondratieff-Zyklus dargestellt, in einer solchen Umbruchphase – versagen oft jene Konzepte, die sich über Jahre, oft Jahrzehnte als erfolgreich und zuverlässig erwiesen haben.

Wenn aber zutreffen sollte, dass mit rezessiven Wirtschaftslagen und mit konjunkturellen Schwierigkeiten langfristiges Denken und kooperativer Führungsstil in den Hintergrund gedrängt werden und autoritäre Managementstrukturen sowie eine nur auf das Materielle verengte Orientierung die Oberhand gewinnen, dann wird und muss sich dies kontraproduktiv für die Krisenbewältigung auswirken, dann sehe ich die lebensnotwendige Innovationsfähigkeit – heute vielfach Mangelware – gefährdet, dann birgt dies die Gefahr, dass noch mehr kreatives Potenzial brachliegen wird. Befinden wir uns aber in einer konjunkturellen Wachstumsphase, dann eröffnen sich weitere Freiräume um dies anzugehen und sich auf künftige Herausforderungen einzustellen.

## Ausgetretene Pfade des Top-Down verlassen

Das Hauptproblem, nicht nur im Management, ist meines Erachtens ein mentales Problem. Damit meine ich die schon lange angemahnte Änderung unseres Bewusstseins, unseres Denkens und unseres Verhaltens, das sich immer noch an Hierarchie-Zwänge klammert, das immer noch klare Strukturen sucht, obwohl es diese immer weniger geben wird, das immer noch im linearen Denken verweilt, obwohl die Aufgaben und Herausforderungen für alle sichtbar komplexer geworden sind.

Dieses Denken zieht sich durch das ganze Unternehmen. Nicht nur die Führenden, sondern auch die Geführten streben immer noch zu sehr danach, den vielfältigen Anforderungen an die Organisationen mit der disziplinarischen Struktur gerecht zu werden. Alles Denken und Handeln konzentriert sich dabei auf den Einfluss und die Macht der hierarchischen Linie. Ängstlich grenzen sich „Leitende" immer noch gegenüber „Geleiteten" ab durch mangelndes Vertrauen, durch autoritäres Führungsverhalten, durch Macht- und Interessenkoalitionen, durch elitäres Gehabe und Statussymbole der Machthierarchie. Und es ist kaum zu übersehen, dass die meisten organisierten sozialen Systeme nicht anpassungs- und innovationsfähig genug sind, um mit den Veränderungen Schritt zu halten, um den anstehenden Herausforderungen gerecht zu werden.

Es fehlen uns oft selbstbewusste, ganzheitliche Zukunftskonzepte, die die durchaus vorhandenen Ressourcen und Energien wie Volksvermögen, Infrastruktur, Bildung, Wissen, Kompetenz, Talente, Fähigkeiten und wissenschaftlicher Stand sowie die Menschen, auf neuen, zukunftsweisenden Feldern produktiv einzusetzen in der Lage sind. Es geht auch um eine andere Art der Kommunikation, auf die wir später noch genauer eingehen werden, um einen neuen Umgang mit Konflikten und dem bisherigen Hierarchieverständnis, es geht um eine neue Kultur der Umgangsqualität.

Das skizzierte mentale Problem können wir auch mit folgender, anschaulicher Metapher umschreiben: *Freude erzielen statt Schmerzen vermeiden*. Die meisten Menschen tun aber in der Regel mehr dafür, Schmerzen zu vermeiden, als sie dafür tun, Freude zu erzielen. Und sind nicht auch zum Beispiel die meisten unserer bisherigen Strategien zur Kundenbetreuung darauf ausgerichtet, Schmerzen zu vermeiden?

Stellen Sie sich dies einmal als Merksatz in Marketing und Vertrieb Ihres Unternehmens vor: Freude erzielen und nicht Schmerzen vermeiden. Das Beispiel des Handels oder der Gastronomie mag dies verdeutlichen: Regiert dort der reine Versorgungsgedanke, dann heißt dies Schmerzen vermeiden durch Stillen des Hungers. Herrscht jedoch eine Kundenorientierung, die Zufriedenheit oder Erlebnis in den Vordergrund stellt, bedeutet dies Freude erzielen durch Freundlichkeit, Service und Eingehen auf den Kunden, ganz zu schweigen von der positiven Ausstrahlung, die sich im zweiten Fall fast automatisch einstellt.

So hat Professor Jochen Prümper vom Büro für Arbeits- und Organisationspsychologie in Berlin die Auswirkungen von freundlichem und respektvollem Führungsverhalten auf die Arbeitsfähigkeit von Beschäftigten untersucht. Er kommt zu dem Ergebnis, dass die Beschäftigten zum Beispiel bei hoher freundlicher Zuwendung und Respektierung durch den Vorgesetzten ihre derzeitige Arbeitsfähigkeit besser einschätzen als bei niedrig erlebter freundlicher Zuwendung und Respektierung. Freundliches und respektvolles Führungsverhalten zahlt sich also aus.

Wenn wir also unser Bewusstsein heute meist falsch managen, können wir auch morgen nicht richtig, sondern nur falsch handeln. Die Maxime der Zukunft lautet deshalb: Evolutionäre Veränderung muss zum Normalfall werden. Reine Anpassungs- und Aufholjagden, oft aus Eitelkeit und Geltungsbewusstsein entstanden, müssen der Vergangenheit angehören. Anstatt stur einer Strategie oder einem überholten Erfolgsrezept zu folgen, ermöglichen Wachheit, Mut zur Veränderung, Flexibilität, aber auch Partnerschaft und ein neues Miteinander, eine spontane und dabei der jeweiligen Situation angemessene Handlungsweise.

Dies erfordert allerdings offene, unternehmerisch denkende Menschen, denen die notwendigen Freiräume und Entfaltungsmöglichkeiten geboten werden. Konkret heißt dies, dass auch Mitarbeiter mit einer „Das-geht-mich-nichts-an-Haltung" nicht zukunftstauglich sind. Die Maxime für das Management lautet deshalb, eine mentale Neuorientierung zu wagen, anzupacken und umzusetzen. In vielen Fällen setzt dies durchaus einen Kulturbruch im Unternehmen voraus, der aber gewagt werden muss und der sich langfristig auch auszahlt.

Mit dem schon erwähnten beschleunigten Wandel erweisen sich die Prämissen von gestern immer häufiger und immer schneller als falsch. Trotzdem werden immer wieder auf der Basis von gestern Entscheidungen für morgen getroffen.

Die tägliche Flut von Informationen und Alternativen kann von unserem Gehirn meistens gar nicht bewältigt werden. Die gängige Methode unseres Denkens bringt uns dazu, Entscheidungen nach dem Modell der aufeinander folgenden begrenzten Vergleiche und nicht nach der eigentlich notwendigen Methode der Zusammenarbeit und des Austausches zu treffen. Was schließlich herauskommt, ist nicht so sehr die Entscheidung zur Bewältigung eines gegebenen Problems, sondern die Adaptierung des Problems an gegebene Möglichkeiten der Entscheidung. So sind viele der gegenwärtigen Probleme das Ergebnis von Fehleinschätzungen sich schnell verändernder Muster und Strukturen, die meistens aber als gegeben unterstellt werden.

Organisationen tendieren dazu, in tradierten Verhaltensmustern zu verharren. Jeder von uns urteilt allzu oft mit den Maßstäben der Vergangenheit. Aber diese Maßstäbe passen nicht mehr. Nur, wir haben es oft noch nicht bemerkt oder wollen uns dies nicht eingestehen. So erscheint eine als „neu" deklarierte Organisation oft eher verordnet, denn selbst entwickelt und gewählt. Die Denk- und Verhaltensweisen bleiben die alten. Besonders das Management versteht sich meist nicht als Teil eines Veränderungsprozesses und sieht diesen nur für die ihm unterstehenden Bereiche als notwendig an. Der Fehlschlag einer solchen Reorganisation ist vorprogrammiert. Der eingebaute „Flop" ist unausweichlich, weil die mentalen und informellen Strukturen genauso ablaufen wie vorher.

Unsere Denkstrukturen bestimmen so auch unser Handeln. Das heißt, wir stellen auch immer wieder Analogien zu dem her, was wir bereits erlebt haben. Unsere angeborene Neigung, ausgemachte oder vermeintliche Trends zu extrapolieren und Annahmen aus der Vergangenheit auch für künftige Entwicklungen zu übernehmen, eignet sich denkbar

schlecht für neue und noch nicht dagewesene Aufgaben und Herausforderungen. Für den Umgang mit Schwarzen Schwänen, also völlig unvorhersehbaren Ereignissen, taugen sie erst recht nicht.

Wir handeln also primär aus der Vergangenheit heraus. Und genau
hier sind wir wieder an dem Punkt, nur den Fußstapfen eines Vorbildes
zu folgen, ohne es je überholen zu können. Und manche wundern sich,
dass sie keine Spuren hinterlassen, wenn sie nur den ausgetretenen
Pfaden anderer folgen. Ein unreflektiertes Nachahmen von Erfolgsre-
zepten, seien sie von anderen oder aus vergangenen erfolgreichen Zeiten, wird in Zukunft keine Garantie mehr dafür sein, an führender Stelle
mithalten zu können.

## Den Einsatz der Mitarbeiter gestalten

Selbst die Konservativsten denken mittlerweile über Delegation von
Kompetenzen und Verantwortung bis in die Basiseinheiten nach. Die
altgewohnten Hackordnungen brechen langsam an allen Ecken und
Enden auf. Der Kommandoton verschwindet hier und da schon spürbar.
In manchen jungen Unternehmen und Branchen hatte er allerdings von
Anfang an kein Terrain und keine Chance. Ob zum Beispiel Mitarbeiter
aktiv mitdenken, mitwirken, mitfühlen, mitgestalten und mithelfen, das
Unternehmen auch in schwierigen Zeiten auf Erfolgskurs zu halten, dies
hängt entscheidend von dem Management, von der Führung und der
Personalentwicklung ab. *Gutes Management zeigt sich in einer lebendi-
gen und humanen Unternehmenskultur, die Kollegen, Mitarbeiter, Partner
und Kunden achtet und wertschätzt.*

Alle Leistungen eines Unternehmens sind letztlich die Leistungen
seiner Mitarbeiter. Sonstige Faktoren sind überall austauschbar. Die
eigentliche Produktivitätsquelle im Wettbewerb ist der Mensch. Die
Aufgabe für das Management und die Personalentwicklung lautet deshalb, Mitarbeiter durch gezielte Innovationen zum strategischen Erfolgsfaktor für das Unternehmen zu entwickeln.

Leider ist die Bedeutung der Human Resources und der Unternehmenskultur bis heute meist nur in Hochglanzbroschüren oder in der

Literatur herausgestellt. Ein konsequenter und bewusster Transfer in die Praxis oder die Umsetzung im Arbeitsalltag sucht man oft genug vergebens. Aber gerade bei Reorganisationen und Fusionen können viele hautnah erleben, welche Bedeutung die ‚Denke' der Mitarbeiter und damit die mental-kulturellen Ausprägungen haben. Es kommt also darauf an, was das Management aus dem Persönlichkeits- und Leistungsangebot des einzelnen Mitarbeiters zu machen imstande ist. Denn die Einstellungen und Fähigkeiten der Menschen müssen sich den ständig veränderten Anforderungen anpassen, in allen Bereichen und auf allen Ebenen.

In der Hand der Führung liegt es, den Einsatz der Mitarbeiter durch gezielte Entwicklung und Förderung zu gestalten. Die Sicherung der Wettbewerbsposition und Personalentwicklung als sich ergänzende Aufgaben fangen deshalb oben an und ziehen sich durch das ganze Unternehmen. Personalentwicklung in diesem Sinne ist ein lebendiger Prozess und kann nicht mit einmal verabschiedeten Programmen ad acta gelegt werden oder mit einmal festgelegten Aufgaben erledigt sein.

Wir aber haben – und das ist eine fast fatale Erkenntnis – schon viel zu lange den Menschen bei zu vielen Betrachtungen und bei zu vielen Zukunftsentwürfen außen vor gelassen. Das lange gepflegte Verständnis von fachlicher und personaler Herrschaft und das Procedere vieler Führungskräfte, allein strategisch und taktisch zu gestalten, führen mehr und mehr in die falsche Richtung. Alle Erfahrungen aus der Umsetzung von Veränderungsideen (Reorganisation, Fusionen, Projektmanagement, Teammanagement, Vertrauensorganisation...) belegen, dass die beteiligten Menschen der Schlüssel zum Erfolg sind. Die Eigenständigkeit und Verantwortungsbereitschaft der Mitarbeiter werden zu dem entscheidenden Wettbewerbsfaktor der kommenden Jahre. Denn Unternehmen werden erst lebendig durch die Menschen, die in ihnen arbeiten, und dadurch, wie sie ihre Arbeit tun.

Die Personalkosten sind aber in vielen Unternehmen nur deshalb zu hoch, weil nur ein zu geringer Prozentsatz der vorhandenen Fähigkeiten genutzt wird: nur das, was in vielen Fällen noch per Stellenbeschreibung erlaubt ist. Zusätzlich werden noch diejenigen bezahlt, die darauf achten, dass dieser Prozentsatz und die Richtlinien eingehalten werden. Das heutige Wettbewerbsumfeld ist aber so komplex und unvorhersehbar, dass wir dauerhafte Erfolge nur dann erzielen, wenn wir die gesamte Intelligenz der Menschen nutzen. Wir brauchen bei der Arbeit die ganze Persönlichkeit und müssen das gesamte Vermögen der Menschen aktivieren.

Dazu genügt es aber nicht, aus einer Unternehmensmaschinerie – wie wir es bei vielen Reorganisationsvorhaben beobachten können – ein oder zwei der bisherigen Hierarchieebenen herauszunehmen. Oder glaubt man, dass ein Uhrwerk besser läuft, wenn man ein Viertel der Zahnräder entfernt? Es gilt, Abschied zu nehmen von einigen traditionellen Leitbildern. Wir sollten Unternehmen so sehen, wie sie wirklich sind: Gemeinschaften von Menschen, soziale Organismen mit Zellen und Organen, mit Immunsystemen und Nervenbahnen, mit Wünschen und Befindlichkeiten, aber auch mit Fähigkeiten, Wissen, Können und Kompetenzen. Ein Unternehmen so verstanden als Persönlichkeit ist lebendig, lernfähig und überlebensfähig, vorausgesetzt, wir fördern und fordern Experimente und den Wandel. Ein Unternehmen so verstanden verfügt über eine Menge bisher nicht oder nur ungenügend genutzter Ressourcen und Energien, die in einem Beziehungsgeflecht verankert sind. Dabei sollten wir nicht versuchen, alles im Griff zu behalten, sondern die Menschen über sich und auch über uns hinauswachsen zu lassen.

Die Bereitschaft und die Fähigkeit zu evolutionärer und innovativer Veränderung müssen also durch die Führung ins Unternehmen getragen werden und dort permanent präsent und aktiv sein. Innovatives Verhalten muss normaler, selbstverständlicher Bestandteil des Handelns werden. Notwendig dazu ist eine hohe Lern- und Veränderungsmentalität bei den Führungskräften, eine Führungsqualität, die Mut zur Veränderung sowie Lust auf Innovation und Leistung bei den Mitarbeitern fördert.

Manager müssen deshalb wissen, was ihre Mitarbeiter beschäftigt, was sie bewegt, was sie leisten können und was sie leisten möchten. Militärischer, autokratischer oder tayloristischer Führungsstil – und er wird noch öfter praktiziert, als viele erahnen können – hat dies noch nie ermöglicht.

## Tradierte Denkweisen überwinden

Um neu beginnen zu können, muss man loslassen können. Dies gilt besonders für das zukünftige Wissen. Albert Einstein hat einmal gesagt: „Die Probleme, die es in der Welt gibt, können nicht mit den gleichen Denkweisen gelöst werden, die sie erzeugt haben."

Gemäß dieser Erkenntnis brauchen Unternehmen in Zeiten großer Veränderungen Manager und Mitarbeiter, die sich mental auf den Wandel einlassen und ihn zupackend bewältigen können und wollen. Wir leben in einer Zeit, deren Umstände ein neues Denken erfordern. Wenn wir die Entwicklung in Wirtschaft und Gesellschaft angemessen verstehen wollen, brauchen wir einen Denkrahmen, ein grundlegendes Verständnis der Wirklichkeit, das diese möglichst vollkommen und präzise beschreibt. Logisch-rationales Denken und das Denken in Ursache-Wirkungs-Relationen können dieser Forderung kaum mehr gerecht werden.

Dies gilt für die Führungsebene genauso wie für das Personal insgesamt. Mitarbeiter sehen sich mit neuen Anforderungen konfrontiert, die mit multi-skilled, flexibel einsetzbar, sozial kompetent bei verstärktem Einsatz von Teamarbeit, Denken über Abteilungsgrenzen hinweg oder Arbeiten in Netzwerken beschrieben werden können. Diese neuen Anforderungen haben zur Folge, dass auch die Qualifikationen der Mitarbeiter andere sein müssen. Es soll hier jedoch nicht der Eindruck vermittelt werden, dass dies einfach und ohne Weiteres erreicht werden kann.

Für Führungskräfte sollte deshalb in Zukunft die Devise heißen: Statt „jeder gegen jeden" „jetzt im Team" oder bei der eigenen Mitarbeiterführung „Motivator" sein und nicht „Anweiser".

Dass jeder Mitarbeiter zwei Hände zum Arbeiten mit in das Unternehmen bringt, ist seit langem selbstverständlich. Dass er auch noch einen Kopf zum Denken hat, wurde (und wird!?) vielfach vergessen oder verdrängt. Getreu dem Motto „Du bist zum Arbeiten hier und nicht zum Denken" wurde das vorhandene Wissen vieler Menschen, also die zur Verfügung stehenden Energien, sträflich vernachlässigt. Ja, man glaubte zu oft, auf das Denkvermögen und die Kreativität verzichten zu können

(Verschwendung von Energien und Ressourcen bzw. mangelnde Energie- und Ressourcenproduktivität).

Langsam setzt sich aber die Erkenntnis durch, dass das vielfach brachliegende Kreativitätspotenzial der Mitarbeiter dringend gebraucht wird, um effektiver und erfolgreicher zu arbeiten und um langfristig als Unternehmen zu überleben. Die späte Einsicht lautet: Die Quelle des Unternehmenserfolgs ist der einzelne am Wertschöpfungsprozess beteiligte Mitarbeiter. Deshalb müssen die Mitarbeiter auch an der Basis zu „Mit-Denkern" entwickelt werden. Schlummernde Talente und Fähigkeiten zur Entfaltung zu bringen, ist deshalb eine der anspruchsvollsten Führungsaufgaben für die kommenden Jahre.

## Abschied von festen Standards – Gestalter des Wandels

Die Frage lautet: Wie können wir die notwendige mentale Flexibilität – und zwar durch das ganze Unternehmen – erreichen und erhalten, um die Veränderungsprozesse bewältigen zu können?

Es darf keinen Stillstand mehr geben, es darf keine starren Strukturen mehr geben, keine Gewohnheiten, die hinderlich sind, Neues zu entdecken. Wir sollten Abschied nehmen von festen Standards, von Prestige-Regeln und mentalem Beharrungssinn, der Innovationen nur behindert. In der Vergangenheit haben wir in Wirtschaft und Gesellschaft zu viel sterile „Vollkasko-Mentalität" entstehen lassen, das heißt Absicherung nach allen Seiten so weit wie möglich, um eigene Fehler im Dickicht größerer Organisationen verbergen zu können.

An die Stelle der zu oft zugelassenen Angst, Entscheidungen zu delegieren und dadurch an Kompetenz zu verlieren, sollte der Mut treten, neue Wege auszuprobieren und den Menschen im Unternehmen etwas zuzutrauen. Bisheriges Meinungsdiktat und Herrschaftsdenken haben zu viel Untertanenmentalität hervorgebracht, zu viele Duckmäuser gedeihen lassen, zu viele Jasager begünstigt und dadurch zu viel an Kreativität und Innovationspotenzial erstickt.

Wir sollten viel mehr Raum für überlebensnotwendige Innovationen schaffen. Wer sich aber in seinem Selbstanspruch mit Mittelmäßigkeit abgefunden und diese als Komfortzone des eigenen Leistungsdenkens fixiert hat, wird wohl kaum die eigene Schwerkraft überwinden können, um mit Spitzenleistungen mithalten zu können. Oder kleinkarierte Vorgabe- und Vergabenormen sowie ein unverrückbares Festhalten an eingefrästen Strukturabläufen lassen die Differenzierung zwischen Mitarbeitern und Mitschläfern einfach nicht zu. Vielen ‚Spitzenscheiterern' - nicht nur in der Wirtschaft - ist falscher Arbeitseinsatz vorzuwerfen. Sie neigen nämlich dazu, frühere Arbeitserfahrungen in gegenwärtige Arbeitserfordernisse hinein zu projizieren. Fixierte Denkweisen sind die häufigsten Stolpersteine, auch im Unternehmen und im Management.

Für die Zukunftsbewältigung und das Überleben eines Unternehmens ist mehr „Führung" notwendig: aber eben „Führung", nicht tägliches Hineinreden in operative Kleinarbeit, Gängeln bei Routineaufgaben oder die Nicht-Beherrschung von Delegation und Übergabe von Verantwortung. Führen heißt in diesem Sinne: Der Manager ist verantwortlich für die Systemgestaltung. Er muss dafür sorgen, dass die Rahmenbedingungen des Handelns im Unternehmen stimmen.

Führen bedeutet aber auch, anderen helfen, erfolgreich zu sein, sie weiter zu entwickeln. So gesehen wird die Führungsaufgabe in Zukunft eher der Arbeit eines Gärtners gleichen, als der eines Feldherrn oder Strategen. Der Gärtner weiß, dass er den Pflanzen das Wachstum nicht anordnen kann. Er kann sie auch mit noch so attraktiven Incentive-Programmen nicht motivieren. Er kann jedoch für optimale Bedingungen sorgen, gesunde Pflanzen zu sinnvollen, sich synergetisch ergänzenden Mischkulturen ordnen, durch Fördern und Fordern – also durch richtige Düngung und Bewässerung. Es braucht aber auch der Hingabe und der Zeit für diese Hingabe. Denn wie das bereits erwähnte afrikanische Sprichwort sagt, wächst das Gras nicht schneller, wenn man daran zieht. Das Management der Zukunft braucht, um im Bild des Gärtners zu bleiben, Vertrauen in die Kraft der Eigendynamik, aber wie der Gärtner oder Landwirt ist es vor plötzlichen Gewittern und Hagelstürmen nicht immer sicher und muss mit unvorhergesehenen Ereignissen (Schwarzen Schwänen) rechnen.

Jede Führungskraft steht damit in der Verantwortung für die ihr unterstellten Mitarbeiter. Hier muss sich die Erkenntnis durchsetzen, dass diese Aufgabe immanenter Bestandteil jeglicher Führung und Personalentwicklung sein muss. Sie kann nicht wegdelegiert werden.

Führungskräften kommt also eine Schlüsselrolle zu als engagierte Gestalter des Wandels, also Führung zum Wandel. Dazu ist die Fähigkeit notwendig, das eigene Bewusstsein immer wieder ins Feld der neuen Möglichkeiten und Herausforderungen zu führen. Die Überlegenheit eines Leaders liegt also nicht mehr in seiner Position und der daraus abgeleiteten Autorität oder in seinen gesammelten Erfahrungen, sondern sie liegt in seiner Kompetenz, sich immer wieder von falschem/überholtem Wissen zu trennen und neue Wege zu beschreiten. Für eine zukunftsorientierte Personalentwicklung hat dies folgende Konsequenzen:

1. Bei der Auswahl neuer Führungs- und Führungsnachwuchskräfte müssen im Interesse der Unternehmensentwicklung die entsprechenden Qualifikationen herausgefiltert werden.

2. Den vorhandenen Führungskräften muss die Personalentwicklung helfen, sich in ihrer neuen Rolle zurechtzufinden und sukzessive die neuen Anforderungen zu erfüllen.

3. Die Personalentwicklung muss darauf ausgerichtet sein, den mündigen Mitarbeiter zu finden und zu entwickeln. Dabei gilt es, die vorhandenen Fähigkeiten aufzugreifen und ganzheitliches Denken im Überblick auch bei Mitarbeitern zu fördern. Die Bereitschaft dazu muss selbstverständlich bei den Mitarbeitern vorhanden sein.

Viele bislang erfolgreiche Führungskräfte, aber auch Mitarbeiter müssen dabei lernen, über ihren eigenen Schatten zu springen, und akzeptieren, dass ihre Erfolgsrezepte von früher kein Garant für die Zukunft sind. Dazu müssen wir klären, welche Qualifikationen vom Management der Zukunft erwartet werden. Diese werden sich vor allem auf soziale und kommunikative Kompetenzen stützen.

Im Folgenden werden deshalb Qualifikationsanforderungen an das Management der Zukunft konkretisiert.

## Das Management der Zukunft entwickelt Visionen und vermittelt Sinn

Das Management spürt im neuen Kondratieff-Zyklus Trends und Entwicklungen auf, hat eine auf Langfristigkeit ausgerichtete Perspektive, denkt nicht nur von „gestern bis heute". Es kann Wunschvorstellungen der unternehmerischen Zukunft nicht nur entwerfen, sondern diese Visionen auch glaubhaft und überzeugend vermitteln. Es kann für diese Visionen Begeisterung wecken und schrittweise in diese Richtung führen. Dazu bedarf es der Klarheit der Ziele in inhaltlicher, zeitlicher, quantitativer und qualitativer Hinsicht.

Nach dem Management-Vordenker Peter Drucker braucht jede Unternehmung einfache, klare und sie zusammenhaltende Ziele. Sie müssen leicht verständlich und herausfordernd genug sein, um eine gemeinsame Vision zu begründen. Diese Ziele müssen von den Unternehmensführern ausgedacht, verkündet und vorgelebt werden. Wie schon erwähnt, lösen Veränderungen oft Ängste und Unsicherheit aus. Deshalb müssen Visionen ein möglichst konkretes Bild für den angestrebten Zustand entwerfen, um die entstehenden Unsicherheiten und Ängste auflösen zu können. Dabei gibt es bezüglich des Themas Vision für Unternehmen und Management durchaus unterschiedliche oft auch kontroverse Auffassungen.

Die meisten Manager tun sich deshalb schwer mit diesem Thema, weil es so gar nicht in ein rationales, linear-analytisches, dreidimensionales Weltbild passt. Es ist aber nicht genug, eine Vision ein für alle Mal zu verabschieden, selbst wenn diese kommuniziert wird und von den Mitarbeitern im Arbeitsalltag umgesetzt und gelebt wird. Visionen und die damit verbundenen Ziele müssen ständig überprüft werden, um gegebenenfalls auf neue Wirklichkeiten reagieren zu können.

Es muss ein ebenso großes Maß an Flexibilität gewährleistet sein wie das Unternehmen selbst als offenes System in einer sich ständig verändernden Welt verstanden werden muss. Visionen schaffen Orientierung, setzen Energien und Motivation frei und verändern so die Welt insgesamt. Sie verleihen der Arbeit Sinn und Ziel, wenn das Licht am Ende des Tunnels zumindest erahnt werden kann.

Zu welchem freiwilligen Engagement Menschen bereit sind, wenn sie einen Sinn in einer Aufgabe sehen, zeigen viele spektakuläre Aktivitäten im privaten Bereich. Da verwaltet zum Beispiel ein Fließbandarbeiter als Kassenwart das Millionenvermögen eines Vereins oder organisiert ein Vertriebsprofi einen großen Event mit einem vielfältigen und sehr anspruchsvollen Programm. Wir müssen uns deshalb schon ernsthaft fragen, ob die bislang sogenannte Freizeit, die in vielen Fällen keine Zeit des Nichtstuns oder der Faulheit mehr ist, sondern meist ein sehr aktives, tätiges und produktives Leben, ob diese Zeit nicht das bessere Modell einer künftigen Arbeits- und Lebenswelt sein kann. Was hindert uns eigentlich daran, dies als eine erstrebenswerte Vision für unsere Unternehmen zu entdecken? Warum müssen wir immer noch in Hierarchiekategorien denken anstatt in „Heterarchiemustern", die die notwendigen Freiräume auch zulassen und so neue Perspektiven eröffnen?

Welche Rolle können Visionen also beim Management spielen? Der Physiker und Technologieforscher Walter Kroy konkretisierte dies einmal wie folgt: „Offensichtlich spielen Visionen dann eine große Rolle, wenn in komplexen Situationen eine Vielzahl von Entscheidungen prinzipiell denkbar wären. Wegen der vielen Pro und Kontras jeder denkbaren Lösung wird oft alles blockiert, bis noch diese oder jene Risiken abgeklärt sind. Wegen der prinzipiellen Unberechenbarkeit der Zukunft können so notorische Bedenkenträger vieles zum Stehen bringen. Gute Visionen sind in der Lage, auseinanderstrebende Vektoren wenigstens partiell in eine bestimmte Richtung zu drehen, so dass sich nicht mehr alle Argumente gegenseitig aufheben." (Kroy 1994, S. 145)

So können Visionen unterschiedliche Bereiche miteinander verbinden. Sie umfassen mehr als nur eine begrenzte Fach-Idee. Das Management kann den darin liegenden Innovationsgedanken nutzen, der neben technologischen auch organisatorische und soziale Aspekte abdeckt. Visionen könnten, so die Folgerung, auch die Suche nach ganzheitlichen Lösungen beantworten helfen. Sie lenken die Aufmerksamkeit der Beteiligten auf ein bestimmtes, gewolltes Ziel hin und bündeln die Energien eines Unternehmens auf dieses Ziel.

Wenn aber die herrschende Unternehmenskultur solche Freiräume für die Verwirklichung von Zukunftsbildern nicht zulässt, kann sich kaum die Dynamik entwickeln, die notwendig ist, um die Visionen entgegenstehenden, häufig verkrusteten Strukturen zu überwinden. Im Unternehmen muss deshalb eine Lebens- und Arbeitsqualität geschaffen werden, die Lust auf Leistung, Lust auf Mitwirkung, Lust auf Miteinander ermöglicht und fördert. Denn eine Vision lebt von der von ihr ausgehenden Faszination und Anziehungskraft. Dies kann aber nur gelingen, wenn der Sinn der Arbeit durch die Führungskraft vermittelt und im Arbeitsalltag erfahrbar wird. Visionen schaffen so bindende Motivation. Sie werden mit Leben erfüllt, wenn sie innere Bilder von der Realität der Zukunft auslösen. Visionen machen so das Unternehmen widerstandsfähig und fitter für zunehmende Komplexität, Dynamik und Turbulenzen.

## Das Management der Zukunft zeichnet sich durch kommunikative Kompetenz aus

Wirkungsvolle Kommunikation und Offenheit für Informationen gehören zum Werkzeug erfolgreichen Managements. Wirkliche Leader beherrschen die Kunst der echten Kommunikation. Sie wissen, dass sie nicht alles selbst machen können und treffen Entscheidungen aus dem Dialog mit anderen heraus.

Das Management der Zukunft muss lernen, mit Kommunikation genauso professionell umzugehen wie bisher mit Technik, Planung oder sonstigen Methoden. Kommunikation ist so verstanden Bestandteil moderner Führung. Sowohl die Produktivität als auch die Legitimität von Unternehmen sind kommunikationsabhängig. Dies wird sehr deutlich, wenn einmal Kommunikationsstörungen auftreten. Als Folge davon sinken Produktivität, Motivation, Loyalität und Akzeptanz.

Kommunikation ist die Basis für die Leistungsfähigkeit und Leistungsbereitschaft von Mitarbeitern, die immer komplexere Aufgaben eigenverantwortlich erledigen müssen und immer weniger durch ein System der direkten Handlungsanweisung geführt werden können. Effektive interne und externe Kommunikation entscheidet so über die Leistungsfähigkeit von Unternehmen und ihren Handlungsspielraum.

Sie steht damit im Zentrum der Unternehmensstrategie und -führung. Meinungen, Ideen, Fakten zusammenzufügen, zu sortieren und zu vermitteln, Konsensbildung und Ausgleich zu finden in der Gruppe oder Abteilung, also das Miteinander und die Beziehungsqualität, das sind die Ziele dieser Kommunikation.

Wer allzu sehr von sich selbst überzeugt andere Meinungen nicht gelten lässt und ernst nimmt, besitzt nicht nur keine kommunikative Kompetenz, sondern verursacht Demotivation und nur wenig Identifikation mit den Unternehmenszielen. Lineares und eindimensionales Denken reicht zur Bewältigung kommunikativer Probleme nicht aus. Neues, evolutionäres und interdisziplinäres Denken und Handeln werden auch im Tagesgeschäft immer wichtiger und erobern sich dort den ihnen gebührenden Platz.

Wer in Zukunft unter dem Etikett „Lean" wieder nur den Einsparungs-Krieg von vorgestern kämpft, begeht einen gefährlichen, wenn nicht fatalen Fehler, denn: Organisationen werden nicht dadurch beweglicher, dass sie ihren Gürtel enger schnallen, sondern dadurch, dass sie ihre interne Kommunikation verbessern. Statt reine Abmagerungskuren gilt es, soziale und kommunikative Kompetenzen zu fördern, um die vernachlässigte Organisationsproduktivität zu verbessern und Synergien aus der menschlichen Kommunikation freizusetzen. Kommunikation statt Information heißt die Devise. Darauf werden wir im 6. Kapitel noch näher eingehen.

## Das Management der Zukunft hat Mut zu Veränderungen und ist Initiator für neue Entwicklungen

Ein Fehler, den viele Unternehmen immer noch machen: Sie managen nicht die Verbesserung und Transformation ihrer Produktivität, sondern die überzogenen Kostenblöcke, die gerade wegen der mangelnden Produktivität zu hoch geworden sind. Der amerikanische Ökonom und M.I.T.-Professor Lester Thurow forderte deshalb schon vor Jahren eine totale Revolution in der Auffassung von Produktivität. Und diese geht in erster Linie aus von Selbstorganisation, von sozialer Energie sowie kollektiver und emotionaler Intelligenz, den Schlüsselfaktoren im neuen Kondratieff-Zyklus.

Mit den Worten von Peter Drucker müssen Manager der Zukunft in der Gesellschaft der Information und des Wissens fähig sein, all ihr bisheriges Wissen zu verlassen, und offen sein für neues Wissen, Eigeninitiative, Entschlossenheit und Risikobereitschaft. „Turnen ohne Netz" gehört zum Alltag einer Führungskraft. Flexibilität als schnelle Reaktion auf geänderte Situationen wird vom Manager der Zukunft nicht verwechselt mit opportunistischem Sich-Anpassen. Eine Kernaufgabe ist es, Veränderungen zu managen, und zwar permanent.

Oft neigen Führungskräfte dazu, sich ein bestimmtes Verhaltensmuster anzueignen und sich darin einzuleben. Das jeweilige Umfeld unterstützt dies unbewusst. Das daraus resultierende Verhalten wird als typisch eingestuft. In einer solchen Situation laufen alle Aktionen des Managements immer mehr in starren Rastern ab. Eine stagnierende Ordnung wird von allen Beteiligten als gut und selbstverständlich angesehen. Genau dies aber wird in Zukunft das Aus für Unternehmen sein, die schnell und flexibel agieren und reagieren müssen.

Auf unseren Hochschulen und im Bildungssystem werden wir aber immer noch in logisch-rationalem, naturwissenschaftlich orientiertem Denken trainiert und geschult. Deshalb neigen auch Führungskräfte primär zu einer mechanistisch ausgerichteten Unternehmensorganisation, weil diese ihrem Denkmodell entspricht. Je mechanistischer ein Unternehmen jedoch organisiert ist, je effizienter Planung und Kontrolle etabliert sind, desto weniger Veränderungsbereitschaft ist wirklich vorhanden, desto mehr können plötzliche Veränderungen von außen unternehmensinterne Krisen auslösen. Wir aber lernen in erster Linie Fakten statt Regeln. Deshalb haben wir auch nur bedingt Zugang zu Abstraktem.

Veränderungsfähiger wird ein Unternehmen aber nur dann, wenn nicht nur die starren und verkrusteten Strukturen aufgeweicht und veränderungsgerecht sowie wandlungstauglich gestaltet werden, sondern auch entsprechend trainierte Manager und Mitarbeiter ins Unternehmen geholt oder dort entwickelt werden. Reines Analysieren und Strukturverändern genügt da nicht. Das Management der Zukunft braucht nicht nur chaostaugliche Konzepte, sondern auch chaosfähige Menschen mit chaosfähigem Denken. Aufgabe ist es zuzulassen, dass sich solche unabhängigen, flexiblen und kreativen Chaos-Mitarbeiter entwickeln können. Bisher jedenfalls wurde dies durch die starren Hierarchien und eine überbetonte Entlohnung von oft sklavischer Anpassung an die jeweils herrschende Kultur im Unternehmen nur verhindert. Wenn Veränderungen in einer Organisation bisher selten waren, dann, so scheint es, fehlt diesem System eindeutig Veränderungskompetenz.

Das Top-Management darf also nicht nur Auslöser von Änderungsprozessen sein, sondern muss diese auch tragen durch eigenes Verhalten. Nur so wird deutlich, dass neue Ideen und Wandel tatsächlich gelebt werden. Der eigentliche Umbruch oder besser gesagt Kulturbruch muss in den Köpfen selbst stattfinden. Das Überleben des Unternehmens resultiert dann aus der ständigen Bewegung, Erneuerung und permanenten Verjüngung. Was einen solchen Prozess der Selbsterneuerung bestimmt und auslösen kann, werden wir in den folgenden Kapiteln erarbeiten. Ein differenziertes Führungsverständnis, das Veränderungsbereitschaft fördert, ist die Grundvoraussetzung und Basis dafür.

## Das Management der Zukunft ist fähig zu Innovationen und entwickelt Innovationskompetenz

Auf veränderte Situationen reagiert es schnell und passt sich an. Es sucht permanent nach Verbesserungen und übt dadurch eine Vorbildfunktion aus. In seinem Bereich schafft es ein „innovatives" Klima. Qualität wird nicht verkürzt als Produktqualität gesehen, sondern genauso als Prozess-, Beziehungs- und Umgangs-Qualität erkannt.

Das Management der Zukunft weiß, dass Organisationen offen und flexibel sein müssen, damit sie sich verändern können. Das Management der Zukunft weiß: Wenn Unternehmen überleben und erfolgreich sein wollen, müssen sie Fähigkeiten und Strukturen entwickeln, Veränderungen zu erkennen und möglichst weitgehend zu antizipieren. Genau dies macht Innovationsfähigkeit aus.

Innovationen lösen dabei jene Energien aus, die neue Wege erschließen, Lerninhalte erweitern, das Zusammenleben, Zusammenwirken und Miteinander von Menschen verändern, Wachstumsschwächen überwinden, neue Investitionsmöglichkeiten eröffnen und letztlich Fortschritt und Prosperität bewirken. Die Entwicklung eines Innovationsbewusstseins im Unternehmen ist eine zentrale Aufgabe des Managements der Zukunft.

Das Handeln und Verhalten an der Spitze entscheidet dabei ganz wesentlich über den Erfolg von Innovationsvorhaben. Aber nur wenn sich das ganze Unternehmen, die gesamte Organisation darauf einschwört, Neues zu kreieren, zu entdecken, auszuprobieren, nur wenn ein innovativer Geist jeden Einzelnen erfasst, kann sich Innovationskompetenz entwickeln, werden Unternehmen wirklich innovationsfähig.

Auf die Frage, in welchem Zustand sich die jeweilige Innovationskultur befindet, gibt es auf jeden Fall eine Antwort: Wir sollten Innovationen nicht erst dann angehen, wenn sie von außen (von den Märkten oder Entwicklungen) erzwungen werden, sondern wir sollten sie rechtzeitig aktiv und gestalterisch anpacken. Niemand ist gegen Innovation an sich, aber die Veränderung, die sie auslöst, wird oft – wie schon erwähnt – als Gefährdung empfunden. Sie ist auch deshalb mit erlebter Unsicherheit und Angst verbunden, weil Innovation den Abschied von Bewährtem fordert und die Inkaufnahme von Risiko und Ungewissheit. Blockaden gegen Innovationen oder Veränderungen sind deshalb verständlich und normal. Dies müssen Führungskräfte besonders beachten.

## Das Management der Zukunft ist lernfähig, lernwillig und mental flexibel

Lernen liefert die Energie für Veränderungsprozesse. Rascher Wandel erfordert vor allem eines: Organisationsstrukturen, die intelligent und flexibel mit Unvorhersehbarem umgehen können. So kann besser auf unvorhersehbare Ereignisse (Schwarze Schwäne) reagiert werden und diese führen nicht zu einer existenzbedrohenden Katastrophe. Dazu muss die eklatante Diskrepanz zwischen der Lernfähigkeit von Individuen und der von Organisationen minimiert werden. Das Management der Zukunft erkennt dabei, dass ein Unternehmen nur dann überlebensfähig ist, wenn seine eigene Lern-Rate größer ist als die Veränderungsrate der jeweiligen Umwelt, wenn es also schneller lernt, als seine Umwelt sich verändert – Stichwort „learning change".

Lernen im Unternehmen setzt allerdings die Bereitschaft des Einzelnen voraus, einen permanenten Lernprozess mitzumachen. Lernen wird nicht als Pflicht, sondern als Chance und als normale Tätigkeit begriffen. Lernen bedeutet aber auch Akzeptanz von Fehlern und Abhängigkeit aufgrund von Wissen und Können. Die Führungskraft ist hierbei Vorbild: Lebenslanges Lernen ist für sie kein Lippenbekenntnis. Kreative Gier nach Neuem ist ein Wesensmerkmal des Managements der Zukunft.

Lernschwache, verkrustete Bürokratien – und wer will sagen, dass sein Unternehmen oder seine Organisation davon frei wäre – präferieren die ausgedienten tayloristischen und eindimensionalen, linear-rationalen Konzepte. Technik wird dort zum Beispiel in erster Linie als strukturstabilisierendes Instrument benutzt und kaum als emanzipierendes Werkzeug. Wenn es uns nicht gelingt, den neuen, lernfähigen Mitarbeiter und Unternehmer in dem jeweiligen Bereich heranwachsen zu lassen, dann besteht die Gefahr, dass der gleiche Typus unter der gleichen, gewohnten Regie den gleichen Stil wie bisher weiter praktiziert. Dafür gibt unser Ausbildungssystem immer noch ausreichend Anschauung und Beispiele.

Je ungehinderter sich aber das Wissen und die Fähigkeiten jedes Einzelnen im sozialen System „Unternehmen" entwickeln und entfalten können, desto beweglicher wird dieses System. Und nur so sind auf Dauer Alleinstellungsmerkmale bzw. Wettbewerbsvorteile zu sichern. Beim Selektionsprozess in unserem Wirtschaftssystem wird dasjenige Unternehmen überleben, dem es gelingt, die neuen Anforderungen an die ganzheitliche Führung in einem permanenten Lern- und Veränderungsprozess jeden Tag aufs Neue zu erfüllen. Ein mentales Reengineering mit neuen Verhaltensweisen ist das Ziel und Ergebnis eines so verstandenen Lernprozesses.

## Das Management der Zukunft handelt eigeninitiativ, motiviert sich selbst und arbeitet effizient

Es agiert, statt zu reagieren, und handelt, statt zu verwalten. Führung gestaltet damit zukunftsweisende Entwicklungen, schlägt neue Wege ein und postuliert strategische Meilensteine für das Unternehmen. Das

Handeln ist zielorientiert und stringent, das angestrebte Ziel ständiger Wegbegleiter. Eigene Erfolge sind positive Wegmarken, Misserfolge kein Weltuntergang. Leistungsziele werden zwar hoch, aber erreichbar festgesetzt. Die eigene Arbeit wird zielorientiert und zeit-ökonomisch organisiert. Es geht nicht in erster Linie darum, viel und zeitintensiv (inputorientiert) zu arbeiten, sondern effizient und effektiv. Das heißt, danach zu fragen, mit welchem Einsatz welches Ergebnis erzielt wird. Der Einsatz des Managements wird also auch auf seine tatsächliche Wirkung hin überprüft. Die Führungskraft der Zukunft ist dabei kein „Workaholic", der nur die Arbeit kennt, sondern hat seinen notwendigen Ausgleich und sein Engagement auch im privaten und sozialen Bereich. Denn beide Seiten machen den Menschen aus. Beide Seiten bestimmen letztlich die Kompetenz einer Führungskraft. Beide Seiten gehören zu der Medaille erfolgreicher Führung.

Wie vielen Menschen aber fällt es äußerst schwer, ihr Leben so zu gestalten, dass sie Erfolg und Zufriedenheit in beiden Lebensbereichen erzielen? Viele befinden sich ständig in einer Situation, in der sie einen Spagat zwischen zwei Extremen aushalten müssen. Dies aber kann auf Dauer nicht gut gehen. Oft beruht der Erfolg in einem Bereich auf dem Misserfolg im anderen. Wir finden also das klassische Nullsummen-Spiel auch bei der eigenen Person, nehmen dies aber meist erst wahr, wenn es zu Katastrophen - vor allem gesundheitlicher Art - kommt. Es geht also darum, die Energiequellen sinnvoller einzusetzen und Arbeits- und Privatwelt besser in Richtung des Zusammenspiels zu managen. Auch hier geht es um das bereits angesprochene Miteinander, um eine andere Energie- und Ressourcenproduktivität, dieses Mal bezogen auf das Individuum und die eigene Person.

In dieser Situation befinden sich die Mitarbeiter genauso wie die Führenden. Deshalb bietet sich hier auch eine meist wenig genutzte Chance zur Solidarität und Verbindung zwischen beiden an. Es entsteht eine ganz andere Ausgangslage zur täglichen Zusammenarbeit und ein anderes gegenseitiges Verständnis, wenn man weiß, dass der andere ähnliche oder sogar die gleichen Probleme hat wie man selbst. So kann das Prinzip des Miteinander, welches wir im 6. und 7. Kapitel näher behandeln, eine andere Lösung zeigen und einen neuen Weg auftun.

## Das Management der Zukunft entscheidet und führt kooperativ, integrierend und teamorientiert

Es verfügt über ein hohes Einfühlungsvermögen gegenüber Mitarbeitern (aber auch den eigenen Vorgesetzten und Kollegen), delegiert Verantwortung und lässt Mitarbeiter eigene Initiativen entwickeln. Kooperatives Management führt, ohne zu dominieren. Ein „Wir" an Stelle des „Ichs" steht im Vordergrund. Es reduziert die Menschen nicht auf ihre Hände und Muskeln, auf ihre Anwesenheit, sondern integriert deren Denkvermögen, Kreativität, Wissen, Können und deren Mitgestaltungsmöglichkeiten.

„Wo Individualität gewürdigt wird, rührt ein Mensch an das Kreative im Individuum. Das Kreative aber bricht sich selbst seine Richtung, oft gegen alte Strukturen", erläutert Managementtrainer Baldur Kirchner. Herrschafts- oder Kontrollmentalität können dies nicht erreichen. Sie stehen auch Allianzen und Kooperationen im Wege oder bringen diese gar zum Scheitern. Wir sollten daher Mitarbeiter wieder als das akzeptieren, was sie wirklich sind – Individuen mit einem ungeheuren eigenen Potenzial, mit ungeheuren Energien und Ressourcen. Wir sollten sie nicht zu reinen Übersetzern und Überbringern der eigenen Meinung machen. Das heißt, Manager sollten Mitarbeiter besser führen, weniger auf die eigene Meinung hin lenken. Konsensfähigkeit sollte dabei aus unterschiedlichen Meinungen entstehen, nicht aus Anpassung.

Die Mitarbeiter müssen aber auch das Können, die Fähigkeiten und vor allem die Leistungsbereitschaft dazu mitbringen. Das heißt, ein „Ohne-mich-Standpunkt" kann nicht die richtige Einstellung und Haltung sein. Mitarbeiter müssen sich auch bemühen, durch Weiterbildung und -entwicklung sowohl über einen aktuellen Kenntnisstand zu verfügen als auch mehr Überblick in die Gesamtzusammenhänge zu gewinnen. Sie müssen erkennen und wissen, welchen Beitrag sie zu einem Vorhaben erbringen können und wie sehr das Gesamtergebnis davon abhängig ist. Das ist ohne Zweifel eine der Grundvoraussetzungen. Dies zu fördern, ist allerdings eine grundlegende Aufgabe der Führung. Dann lassen sich aber auch mehr Effekte durch das Miteinander nach der Formel „1 + 1 ist größer und mehr als 2" erzielen. Dann kann eine bessere Energie- und Ressourcenproduktivität im hier verstandenen Sinn erreicht werden.

## Das Management der Zukunft entscheidet und handelt verantwortungsbewusst

Das Management der Zukunft erkennt den gesellschaftlichen Kontext, der sich auch auf das Unternehmen auswirkt, sowie die gesellschaftliche Verantwortung von Unternehmen und stellt sich dieser Herausforderung. Es bezieht ökologische, soziale, ganzheitliche und ethische Dimensionen in sein Denken und Handeln mit ein. Es weiß um die Langfristigkeit und die Wirkungen seiner Entscheidungen. Die persönliche Annahme von Verantwortung unterscheidet echte Führungspersonen von Jobinhabern.

Wenn es darum geht, die Lorbeeren, die Anerkennung und das Prestige für Erfolge zu verteilen, dann ist jeder ohne Einschränkung gern verantwortlich. Wenn es aber darum geht, für Schwierigkeiten oder gar Misserfolge geradezustehen, dann gibt es viele Strategien, die eigene Verantwortung auf andere abzuwälzen oder sich ihr ganz zu entziehen.

Verantwortung wirklich übernehmen heißt, für das einzustehen, was man getan hat, was man tut und was man tun will. Natürlich sprechen gerade Manager und Führungskräfte gerne und ausführlich über die große und schwere Verantwortung, die sie zu tragen haben. Und in schwierigen Zeiten scheint diese Last täglich noch größer zu werden. Aber es gibt zu viele falsche Vorbilder, die das Gegenteil tun. Verantwortung muss wieder einen anderen Stellenwert erhalten, gerade auch für das Management. Verantwortung wirklich ernst nehmen bedeutet, Werte vorzuleben und danach zu handeln.

Die Fluchtwege sind zahlreich, wie der St. Galler Managementvordenker Fredmund Malik feststellt. Genauso zahlreich sind die Möglichkeiten, sich der Verantwortung zu entziehen.

Zu viele Beispiele zeigen heute noch, dass es sich eher zu lohnen scheint, nur bis zum nächsten oder übernächsten Bilanzstichtag zu denken und sich mit einer „Nach-mir-die-Sintflut-Mentalität" bei Fehlern oder Katastrophen einen vergoldeten Abgang beziehungsweise Ruhestand zu verschaffen. Daher sollte, so die berechtigte Forderung, Verantwortung im Sinne von Haftung in die Management-Strukturen eingebaut werden.

So forderte Fredmund Malik bereits vor über 10 Jahren: „Führer sollten der Verantwortung nicht auskommen können, dies sollte der unveränderbare Preis für die Erlangung einer Führungsposition sein. Dies würde sich ohne Zweifel sehr heilsam auf die Selektionsmechanismen für Führer auswirken und auf ihre individuellen Ambitionen. Wären sich die potenziellen und Möchtegern-Führer unmissverständlich darüber im Klaren, dass sie sich bei Erlangung einer Führungsposition in eine ausweglose Lage bezüglich Verantwortung und Haftung begeben, würden wohl viele darauf verzichten, solche Positionen überhaupt anzustreben, was kein Schaden für die Gesellschaft wäre. Andere wiederum würden sich wesentlich besser vorbereiten und bilden und würden sich sehr viel intensiver mit den Anforderungen an Führung auseinandersetzen." Auch die Finanzmarktkrise kann in diesem Zusammenhang in vielen Fällen als Folge einer falsch verstandenen Freiheit, einer Freiheit ohne Verantwortung gewertet werden.

## Das Management der Zukunft führt mit Vertrauen

Wirtschaftlich schwierige Zeiten und Herausforderungen hat es immer gegeben. Das qualitativ Neue an den jüngsten wirtschaftlichen Krisen (wie etwa die Finanzmarktkrise) ist ein tiefgehender Vertrauensverlust. Dieser kann sich auch zum gesamtgesellschaftlichen und wirtschaftlichen Problem entwickeln. Der Politikverdrossenheit droht angesichts des enormen Vertrauensverlustes durch die Finanzmarktkrise eine weit um sich greifende Wirtschaftsverdrossenheit zu folgen.

Vertrauen aber ist der Eckpfeiler eines gesunden und vitalen Unternehmens. Vertrauen ist ein Eckpfeiler jeglicher funktionsfähigen Organisation und Wirtschaft. Ohne Vertrauen kann heute keine Organisation mit selbständigen Mitwirkenden, die autonom und entscheidungsbefugt arbeiten, mehr funktionieren.

Nur wenn es Führungskräften gelingt, ein Klima von Vertrauen zu schaffen, werden eigenständige Leistungen möglich, kann sich Kreativität entfalten. Nur in einem vertrauensvollen Klima schwinden auch Ängste vor Verantwortung, kann Entscheidungsschwäche reduziert und können Innovationshemmnisse beseitigt werden.

Nur in einem Klima des Vertrauens kann sich kommunikative Kompetenz entwickeln. Wichtige Indikatoren sind Partnerschaftlichkeit, Teilen von Kontrolle und Macht, Offenheit, Transparenz, Toleranz, Respekt vor der Persönlichkeit und Kompetenz des anderen, Aufrichtigkeit und Würde im sozialen Umgang miteinander, also eine hohe Umgangsqualität. Nur so lassen sich die vorhandenen Energie- und Ressourcenpotenziale voll zur Entfaltung bringen.

In einer Vertrauensorganisation herrscht Aufgaben- statt Status-Orientierung. Eine Misstrauensorganisation war charakteristisch für die Einstellung gegenüber der organisatorischen Strukturierung. Ausgehend vom Menschenbild eines eindimensional gesehenen, mechanistischen Aufgabenträgers wurde der organisatorischen Gestaltung eine Art Lückenbüßerfunktion für menschliche Unzulänglichkeiten zugewiesen. Zentrale Lenkung, Hierarchisierung und Bürokratisierung, hochgradige Programmierung, Standardisierung und Normierung von Arbeitsabläufen und intensive Fremdkontrolle sind nur dazu da, diese Unzulänglichkeiten auszugleichen. Für die Zukunft wird jedoch eher das Gegenteil erforderlich, die kulturell geprägte Einstellung einer Vertrauensorganisation.

Die Misstrauensorganisation, wie sie in zu vielen Unternehmen noch immer gepflegt wird, führt in die falsche Richtung. Der von Lenin stammende Satz „Vertrauen ist gut – Kontrolle ist besser" scheint sich immer noch im Koffer der Grundüberzeugungen vieler Manager erfolgreich einnisten zu können. Entsprechend ist ihr Verhalten geprägt von Misstrauen. Sie zerstören damit jeden Ansatz zur Selbstmotivierung und ebnen so den Weg zur Demotivierung meist selbst. In einer solchen Unternehmenskultur fühlt sich der einzelne Mitarbeiter nicht verantwortlich für sein Handeln oder seine Fehler, denn dafür ist ja der ihm vorgesetzte „Kontrolleur" zuständig. Ein „totgeregelter" und kontrollierter Mitarbeiter geht auch kein Risiko ein. Er neigt zum Perfektionismus im Kleinen und Überschaubaren und ist äußerst selten kreativ. Die häufig anzutreffende Folge ist eine Aufblähung von Regeln und Organisationsanweisungen. Innovationsfähigkeit dagegen sieht anders aus.

Die „Erbsenzähler" und Bedenkenträger haben in einer solchen Unternehmenskultur Konjunktur und die Oberhand. Ein Vertrauensmanagement der Zukunft ist dagegen gekennzeichnet durch weitreichende Delegation von Verantwortung, offene Kommunikation, Team- und Leistungsorientierung. Dabei meint Vertrauensorganisation nicht ein schlappes Laisser-faire oder ein süßliches ,Seid nett zueinander'.

Eine Vertrauensorganisation kann auch weder durch Sonntagsreden, gedruckte Unternehmensleitlinien noch durch Vorstandsbeschlüsse erreicht werden. Es braucht schon viel Bewusstsein und tausend kleine Schritte im Alltag, um sich in die Lage der Mitarbeiter zu versetzen, Fremdkontrolle ad acta zu legen und stattdessen die Kontrollinformationen so zu steuern, dass die Mitarbeiter zu einer effektiven Selbstkontrolle befähigt werden. Das heißt, Vertrauensorganisationen müssen täglich neu erarbeitet und gestärkt werden. Es ist eine fortwährende, immer wieder neu zu lösende Aufgabe.

Der Verzicht auf äußere Kontrollmechanismen ist und kann dabei nur ein Anfang sein. Notwendig sind klare Spielregeln für die Zusammenarbeit und das Miteinander. Diese sollten sich aber auf ein absolut notwendiges Minimum beschränken, denn es gilt, der sich permanent manifestierenden und überall ausbreitenden bürokratischen Regelungswut den Boden zu entziehen. Diese Regelungswut ist das wirksamste Gift für das Entstehen einer Vertrauenskultur und der beste Samen für eine Misstrauensorganisation. Diese Regelungswut verhindert Kreativität und hat sich als das größte Hemmnis für Innovation erwiesen.

Ohne Vertrauen kann aber niemand mehr der Vielfalt aller künftigen Führungsanforderungen gerecht werden. Wer Kreativität erwartet, wer Leistungsbereitschaft fordert, der muss Vertrauen entwickeln, Autonomie gewähren und Verantwortung delegieren. Und Innovationsfähigkeit entsteht und gedeiht nur in einem ganz bestimmten Milieu. Dort, wo Misstrauen, Restriktionen und autoritäres Statusdenken vorherrschen, entsteht kein innovationsfreundliches, zukunftsweisendes Klima und damit keine innovative Zukunftsausrichtung.

## Das Management der Zukunft denkt vernetzt und ganzheitlich

Es entscheidet Einzelprobleme im Gesamtkontext des Unternehmens und versteckt sich nicht hinter Bereichsgrenzen. Es weiß um die Relevanz der Querschnittsfunktionen, betont die Funktionsintegration und wehrt sich gegen übertriebene Ressort- und Bereichsegoismen. Es ist sich bewusst, dass eigene Entscheidungen auch Auswirkungen in anderen Bereichen oder außerhalb des Unternehmens nach sich ziehen.

Ganzheitliches, vernetztes Denken ist kein Modewort oder mit einem aktuellen Trend abzutun. Ganzheitliches, vernetztes Denken muss täglich geübte Praxis werden. Das eindimensionale, linear-analytische Denken ist endgültig an seine Grenzen gestoßen. Ganzheitliches Denken einzuüben, Veränderungen und Turbulenzen als positive Signale zu verstehen, ein Klima im Unternehmen zu schaffen, in dem sich die erforderlichen Qualifikationen entwickeln können, dies sind die grundlegenden Forderungen an den Manager von morgen.

Drei Eigenschaften zeichnen dabei die Führungskraft von morgen aus: *vernetzt denken, unternehmerisch handeln und persönlich überzeugen.*

Dabei heißt *vernetzt denken,* die Probleme integriert angehen, in Kreisläufen denken, Zusammenhänge und Auswirkungen erkennen, Sensibilität für Neues entwickeln und Hebelwirkungen erkennen. *Unternehmerisch handeln* bedeutet in diesem Zusammenhang, Prozesse statt Funktionen zu optimieren und die lernende Organisation zu verwirklichen. *Persönlich überzeugen* mit glaubhafter kommunikativer Kompetenz, die meines Erachtens wichtigste zukünftige Eigenschaft, zeigt sich vor allem darin, Vorbild zu sein, eine echte Kommunikationskultur nach allen Seiten zu leben, Unternehmergeist zu belohnen, Verantwortung wirklich zu übernehmen und Mitarbeiter umfassend zu fördern.

Nach dem Motto „Mehr vom Selben" oder „Weiter wie bisher" werden wir Schwierigkeiten nicht lösen. Eine Neugestaltung unserer Unternehmen darf kein Lippenbekenntnis bleiben. Sie darf auch nicht wie die Oberfläche beim Computer der bisherigen Struktur nur übergezogen werden, während die alten „Seilschaften" nach wie vor die Fäden ziehen und das Geschehen bestimmen.

Und beim Bemühen um diese Neugestaltung lehrt uns die Natur: Nur Kristalle und Kliffe haben gerade Linien und schroffe Kanten. Alle anderen Dinge und alle Lebewesen sind in ihrem Aufbau meistens gekrümmt. Sie bewegen sich in Kurven und Windungen auf ihr Ziel hin. Deshalb kann der Weg zu dieser Neugestaltung auch nicht einfach und gradlinig sein, denn es wird immer wieder schwierige Phasen und Problemsituationen geben, die wir lösen müssen. Eine Neugestaltung ist auch nicht mit einem Beschluss zu bewerkstelligen, sondern muss kontinuierlich und von allen erarbeitet werden. Dazu ist meistens der bereits geforderte Kulturbruch unumgänglich. Unternehmen werden danach eine eher gallertartige, sich der jeweiligen Situation flexibel anpassende Struktur mit durchlässigen Membranen statt undurchdringlicher Außenbarrieren haben.

Der französische Philosoph Jean Fourastié sagte einmal: „Die Zukunft wird so aussehen, wie wir sie gestalten." Deshalb wollen wir uns im folgenden Kapitel auf den Weg zur Entdeckung des Miteinander begeben, dessen Ziel die Verbesserung der kommunikativen Kompetenz und Organisationsproduktivität sowie eine neue Unternehmenskultur ist, um so die Selbsterneuerung in Unternehmen, in Organisationen und im Management zu erreichen und eine echte Energie- und Ressourcenproduktivität umsetzen zu können.

# 6    Merkmale der Selbsterneuerung

*„Arbeitsproduktivität hat vielerlei Wurzeln.*
*Jeweils nur zu einem Teil beruht sie auf den*
*ergonomischen, finanziellen und organisatorischen*
*Bedingungen. In einem oft nicht ausgeloteten Maße*
*richtet sie sich nach den persönlichen zwischen-*
*menschlichen Voraussetzungen der Zusammenarbeit,*
*nach dem individuellen Arbeits- und Leistungskonzept*
*und vor allem nach dem Verständnis von Sinn,*
*den die Arbeit für den Einzelnen hat.“*

*Walter Böckmann*

Eine sich revolutionsartig und schnell verändernde Welt zwingt uns alle
– in Politik, Wirtschaft und Gesellschaft –, die Weichen neu zu stellen.
Die einzige Strategie, die wir heute mit Sicherheit über Bord werfen
können, ist die des „Status quo“. Man kann allerdings nur das anpassen,
was klar erkennbar oder wenigstens einigermaßen voraussehbar ist.

Die gegenwärtige Lage, ob in der Politik oder in der Wirtschaft, ist
weder das eine noch das andere. Vom Management und von Führungskräften wird aber die aktive und dynamische Gestaltung der Veränderung und des Wandels erwartet. Viele der durchgeführten Restrukturie-
rungen, das zeigt die Erfahrung der vergangenen Jahre, garantieren aber
allein noch keine Zukunftssicherung. Sie garantieren noch keine Innovation, sie verbessern allein noch nicht die Innovationsfähigkeit.

Es reicht also nicht mehr aus, sich auf den technisch-wissenschaft-
lichen Sektor zu konzentrieren. Innovation wird in Zukunft vor allem
auch eine soziale Innovation sein. Diese soziale Innovation wird sich
nicht auf Unternehmen beschränken, sie wird für die gesamte Gesellschaft unausweichlich. Damit die angestrebte strategische Neuausrichtung ihre volle Wirkung entfalten kann, ist eine grundlegende mentale
Neuorientierung notwendig. Die Fragen, die sich in diesem Zusammenhang stellen, lauten: Beherrschen wir das Management der Soft Facts,
das Management des Sozialkapitals? Wie gehen wir mit uns selbst um?

Wie gehen wir mit unseren Mitarbeitern als Know-how- und Kompetenz-
träger und damit mit den vorhandenen Energien und Ressourcen um?
Wie können wir die meist vernachlässigte Organisationsproduktivität
erhöhen?

## Die Organisationsproduktivität wurde zu lange vernachlässigt

Bisher haben wir Produktivität fast immer nur in der Produktion und
Kostenstruktur verbessert. Kaum jemand richtete seine Aufmerksamkeit
auf die Produktivität von Organisation und Organisationsstrukturen.
Für viele ist diese Art der Produktivität noch fremd. Doch zeigt die Organisationsproduktivität in eine neue zukunftsorientierte Richtung, denn
sie hat mit Zusammenarbeit und Zusammenwirken zu tun. Es wird deshalb auch sehr schnell deutlich, dass die Organisationsproduktivität von
Bürokratien oder hierarchischen und festgefahrenen Strukturen gering
sein muss.

Die Organisationsproduktivität verbessern heißt also, die Aufmerksamkeit auf die Potenziale im Unternehmen, auf die Mitarbeiter und
deren Können zu lenken, deren Zusammenarbeit zu verbessern und produktiver zu gestalten. Das heißt konkret, die Energien und Ressourcen
im Unternehmen im Sinne von Wissen, Kompetenz und Können zu entwickeln. Dazu taugen aber die traditionellen Methoden nicht. Denn Zusammenwirken produktiver zu gestalten bedeutet, Soft Facts zu optimieren, auf Menschen einzugehen und sie zusammenzubringen.

Der Vorstand eines Unternehmens aus dem Maschinenbau sagte mir
einmal zum Thema leistungsstarke Einheiten: „Wenn ich ein ungelöstes
Problem habe, bringe ich Mitarbeiter zusammen und schildere ihnen die
Situation. Es ist dann immer wieder faszinierend, wie schnell und effizient sich diese an eine Lösung heranmachen, ohne dass man ihnen dies
als Ziel vorgibt." Dieses Beispiel zeigt deutlich, welches Potenzial und
welche Kreativität Mitarbeiter entfalten können, wenn man sie nur lässt.
Das Ergebnis davon ist Verbesserung der Organisationsproduktivität
und effizientes Management von Soft Facts.

Für den Bewusstseinswandel und die Eigendynamik können vier Grundprinzipien ausgemacht werden:

1. kompromisslose Kundenorientierung, also eine konsequente Dienstleistungsmentalität nach innen und nach außen,

2. Null-Fehler-Qualität, besonders was die Führung betrifft,

3. kontinuierliche Verbesserung, das heißt, Abläufe und Inhalte täglich hinterfragen,

4. konsequente Entscheidungsdelegation, also Verantwortung und Entscheidung wirklich verlagern und zusammenführen.

Es ist in Zukunft immer weniger entscheidend, was in der Bilanz steht, als vielmehr das, was wir täglich daraus machen. Dazu brauchen wir im Unternehmen eine gelebte Kommunikationskultur, die viel mehr in Frage stellt als bisher - und das immer wieder. In der üblichen Bilanz stehen Mitarbeiter als Personal aber immer noch auf der Kostenseite. Auf der Vermögensseite tauchen sie meist überhaupt nicht auf. Wenn also bei Kostensenkungsprogrammen die Kosten reduziert werden, wird immer noch der Personalbestand zuerst reduziert. Bedeutet dies aber in vielen Fällen nicht, dass auch das Vermögen von Unternehmen reduziert wird? Denn das Wissen und die Erfahrung des Personals wird immer mehr zum eigentlichen Vermögen im Unternehmen. Und angesichts der demografischen Entwicklung wird dieses Vermögen nicht mehr im Überfluss vorhanden sein, wie dies in den vergangenen Jahren noch der Fall zu sein schien. Diese Erkenntnis breitet sich allmählich stärker aus.

## Ohne Kommunikation geht nichts

Ohne Kommunikation läuft nichts mehr. Diese fast banale Feststellung sorgt immer wieder und immer noch für Diskussionsstoff. Warum eigentlich, so werden sich viele fragen, gibt es gerade bei Kommunikation und Information - oder besser der Nichtkommunikation - so viele Fehler und ein so ausgeprägtes Fehlverhalten, wenn die Anforderungen doch eigentlich auf der Hand liegen?

Kommunikation vollzieht sich immer zwischen Individuen, die nicht programmierbar sind wie Maschinen oder Computer. Eine vielzitierte Erkenntnis lautet: Ohne Informations- und Kommunikationstechnik geht heute und in Zukunft nichts mehr. Allerdings wird die praktische Nutzung echter (wirksamer) Kommunikation noch sträflich vernachlässigt. Der französische Philosoph und Soziologe Jean Baudrillard folgert dagegen: Es wird heute nicht mehr kommuniziert, sondern nur noch konsumiert. Die Entwicklung bei vielen Medien und TV-Programmen scheint dies zu bestätigen. Deutlich werden die Diskrepanzen in unserer Gesellschaft, aber auch in unseren Unternehmen. Auf der einen Seite rücken Entwicklungen zur Datenautobahn, zum Electronic Highway, zur totalen Vernetzung, zur Realtime Information, zur ständigen Erreichbarkeit an jedem Ort oder zum interaktiven TV an die Schwelle der Informations-, Kommunikations- und Wissensgesellschaft, auf der anderen Seite kann unsere Vorstellungskraft nicht mit dieser Entwicklung mithalten. Wir sind gefangen in unserem Denken und Verhalten, das auf diese Entwicklung nicht vorbereitet ist. Wir sind viel stärker von den Verhaltens- und Lebensweisen unserer Vorfahren aus der Steinzeit geprägt, als wir dies im Alltag wahrhaben wollen.

Die modernen Technologien haben es uns möglich gemacht, Raum und Zeit in einem bisher nicht gekannten Ausmaß und mit einer bis vor kurzem nicht vorstellbaren Schnelligkeit zu überwinden. Wir können mit einer ungeahnten Zahl von Freunden, Geschäftspartnern oder sonstigen Bezugspersonen jederzeit und sofort in Verbindung treten, Informationen abrufen oder Informationen an diese verteilen.

Aus dieser Sicht verzeichnet Kommunikation enorme Wachstumsraten. Neben den klassischen Produktionsfaktoren Arbeit, Boden und Kapital avanciert Kommunikation zum weiteren Produktionsfaktor der kommenden Jahre. Sie ist heute unbestritten zu einer breiten allgegenwärtigen Querschnittsfunktion in fast allen Bereichen geworden. Auch hier gilt der Satz: Nichts geht mehr ohne Kommunikation.

Dies bestätigten die jüngsten Entwicklungen. Danach sind die Investitionen in die Kommunikation enorm gestiegen und haben gigantische Summen erreicht. Neben Rentabilität, Marktposition und Produktivität wird Kommunikation zu einem Schlüsselbereich für alle Unternehmen und für alle Funktionen. Es besteht kein Zweifel daran, dass sich mit dem Bau der Informationsautobahnen gewaltige neue Marktpotenziale auftun. Die Kommunikations- und Informationssysteme werden sich zu neuen Navigationssystemen im Unternehmen und in der Gesellschaft entwickeln.

## Information ist kein Selbstzweck

Information darf aber nicht zum Selbstzweck werden, wie es heute oft der Fall zu sein scheint. Wie viel Information, wie viel Kommunikation und wie viele Beziehungen verträgt der Mensch überhaupt? Wie viel ist sinnvoll oder erstrebenswert? Wie viel ist überhaupt zu verkraften? Laufen wir nicht Gefahr, immer weniger von all dem zu verstehen, was an Informationen auf uns hereinbricht in immer größerem Ausmaß und mit einer ins Uferlose wachsenden Geschwindigkeit? Wer ist wirklich in der Lage, all die Wünsche, Anforderungen, Termine, Begegnungen, Beziehungen und Informationen, die auf ihn herabprasseln, ohne Zeitpanik, ohne Hektik oder ohne Desorientierung abzuwickeln?

Wer wird nicht, um mit Hans Haumer zu sprechen, „in dieser Mühle der begrenzten Lebenszeit" und des ständig zunehmenden Informations- und Kommunikationsdrucks zerrieben? Wer kann sich noch wirklich orientieren, wenn die schnelle ‚virtuelle Wirklichkeit' täglich in voller Breite in unsere vier Wände flattert?

Erinnert sei an dieser Stelle nochmals an die Langsamkeit und Gelassenheit als Gegenerfahrung in unserer hyperschnellen Zeit mit ihrem Speed, ganz gleich wo wir uns gerade befinden oder was wir gerade tun.

Robert Becker hat den Umgang mit den neuen Informationstechnologien schon vor über 15 Jahren sehr treffend beschrieben: „Viele Menschen sind fasziniert von den schier unerschöpflichen Möglichkeiten und von den Bequemlichkeiten des sogenannten Mensch-Maschine-Dialogs. Anders als die Mitmenschen hat der Computer wenig eigene Ansprüche, er kann nach Lust und Laune ein- und ausgeschaltet werden, per Tastendruck oder Anweisungen per Maus, und wenn es beginnt, langweilig zu werden, füttert man ihn eben mit einem neuen Programm.

Die Kommunikation mit dem Computer ist nicht nur bequemer und kommt den egozentrischen Neigungen seines Benutzers entgegen, er ‚ersetzt' den menschlichen Partner und macht die sich so schwierig gestaltende Kommunikation mit anderen Menschen überflüssig." (Becker 1994, S. 4)

Anstatt sich mit den menschlichen Partnern zu beschäftigen, mit ihnen zu plaudern, zu diskutieren und zu spielen, bevorzugen allzu viele immer häufiger den technischen Partner Computer als Interaktions- und Spielgefährten. Diese Entwicklung wird sich auch in den Unternehmen auswirken und findet dort ihre Fortsetzung. Der Mensch hat mit dem Computer einen qualitativ neuen und völlig anders gearteten „Kommunikations- und Interaktionspartner" gewonnen. Der Mensch-Maschine-Dialog hat damit eine andere Dimension erreicht, oft auf Kosten der Mensch-Mensch-Kommunikation.

Ich möchte deshalb den Blick nicht so sehr auf die technische Komponente der Kommunikation richten, sondern auf die Komponente des Zwischenmenschlichen, des Miteinander, wie es hier verstanden wird. Kommunikation beginnt und endet nicht mit Information im sachlichen Sinne. Sie hat ihren Ursprung auf der Beziehungsebene zwischen Individuen, ob es sich um direkte oder indirekte, verbale oder nonverbale Kommunikation handelt. Sie funktioniert nicht nur nach dem physikalischen Sender-Empfänger-Modell, wie dies für die Information vielleicht gilt. So gesehen ist wirkliche, echte Kommunikation geradezu exemplarisch für das neue Miteinander, das im Zentrum dieses Buches steht. Und gerade im Zeitalter der Information scheint die Unfähigkeit zur echten Mensch-Mensch-Kommunikation zu wachsen. Dies signalisiert auch der Satz von Heinz Goldmann: „Information ist Monolog, Kommunikation ist Dialog."

So gesehen ist Information leicht und wird vielleicht deshalb oft mit Kommunikation gleichgesetzt oder gar verwechselt. Kommunikation gestaltet sich dagegen sehr viel schwieriger. Es reicht nämlich nicht aus, einfach nur zu informieren. Kommunikation hat erst stattgefunden, wenn der Adressat und Kommunikationspartner Informationen aufgenommen, richtig verstanden hat und damit etwas anfangen oder sie umsetzen kann. Und dazu muss man die Aufmerksamkeit des Gegenübers gewinnen, die zu den knappsten und damit begehrtesten Gütern überhaupt wird. Sicherlich haben uns die Informationstechnologie, der Computer und das Internet unersetzliche Vorteile gebracht. Im Sinne der Kommunikation hat der Computer uns mit Hilfe vieler Dateien und Datenmengen, auf die wir leicht und schnell zurückgreifen können, von vielen mühsamen Such- und Aufklärungsarbeiten befreit, die früher sehr viel Zeit und Kapazität in Anspruch nahmen. Dies schafft durchaus die Chance und den Freiraum – gerade im Unternehmen – eine qualitative Kommunikation zu pflegen. Nur, wir müssen diese Chance auch ergreifen und nutzen.

## Das Miteinander in der Kommunikation

Schon die Herkunft des Wortes Kommunikation deutet auf ein Miteinander hin. Kommunikation leitet sich vom lateinischen „communicare" ab, das etwas gemeinsam machen, gemeinsam beraten und einander mitteilen bedeutet. Im Vordergrund stehen also das Gemeinsame und das Miteinander, welches eine Mitleistung, Mitwirkung und Mitverpflichtung beinhaltet.

Kommunikation in diesem Sinne ist und wird zu einer der wichtigsten Führungsaufgaben und -kompetenzen, und zwar innerhalb eines Unternehmens genauso wie nach außen. Die Bereitschaft und die Fähigkeit, in einen ständigen und offenen Dialog zu treten, werden nicht nur zum kritischen Erfolgsfaktor, sondern auch zum Prüfstein für das Management. Wer in Zukunft persönlich zu einer offenen Kommunikation nicht in der Lage ist, der hat seinen Anspruch auf Führungskompetenz verwirkt, der wird bald nichts mehr zu sagen haben.

Die Bedeutung und die Rolle der Kommunikation sind nicht von der Größe eines Unternehmens oder einer Organisation abhängig. Natürlich lässt sich in kleinen, überschaubaren Einheiten leichter kommunizieren, weil jeder jeden kennt und direkten Umgang mit jedem hat. Die Aufgabe für den Manager an der Spitze ist aber bei kleinen und großen Unternehmen im Prinzip gleich, betrachtet man einmal den Personenkreis, mit dem jemand direkt kommuniziert und zu tun hat.

Das Hauptproblem besteht immer darin, wie die tatsächlichen Ereignisse im Unternehmen durch mehrere Ebenen gefiltert oben bei der Spitze ankommen. Es muss sichergestellt werden, dass hier nicht Verfälschungen aufgrund von Ressortegoismen, Machtstreben, Angst oder auch Eitelkeiten ein insgesamt falsches Bild entstehen lassen. Aber auch dagegen gibt es ein einfaches Rezept, das sich oft mit dem Schlagwort „Management by walking around" verbindet. Auch das Top-Management kann sich durch eine offene Kommunikation mit allen Mitarbeitern, zum Beispiel auch dem Pförtner oder Boten, ein Bild von Klima und Kultur im Unternehmen machen. Gelegenheiten dazu gibt es genügend. Man muss sie nur wahrnehmen und ergreifen. Aber die wenigsten machen sich wirklich die Mühe, sich einmal mit den „normalen" Menschen im Unternehmen zu unterhalten.

Kommunikation darf deshalb auch nicht als Befehlsaufgabe verstanden werden. Wo Menschen zusammenarbeiten, darf das subjektive Moment nicht ausgeschlossen sein. Deshalb ist es so wichtig, dass Führungskräfte zuhören können, dass Kommunikation sich nicht im digitalen Informationsaustausch erschöpft, dass Kommunikation nicht mit dem Bedienen von Dateien, Tasten oder dem reinen Versenden von E-Mail und SMS verwechselt oder an Datenleitungen, Chips, Speicherkapazitäten und Informationsautobahnen abgegeben wird.

Hinter jedem bewusst betriebenen Wandel – von dem ja hier immer wieder die Rede ist – steht auch der ausgesprochene Wille zur Veränderung. Dabei ist transparente Kommunikation mit den Mitarbeitern ein wesentliches Erfolgselement. Denn der Unternehmenszweck, die Inhalte und Ziele, die Umstellungsgeschwindigkeit und der Umfang der Unternehmenserneuerung sollten von allen Beteiligten getragen werden. Alle Beteiligten haben eine Art Rechenschaftspflicht gegenüber den Mitwirkenden. Sie sollten diese ernst nehmen, weil sie in Zukunft auch daran gemessen werden.

# Kommunikation ist mehr als Handwerkszeug

Kommunikation darf auch nicht mit Rhetorik, Redebegabung, Redekunst oder der wirkungsvollen Gestaltung von Ansprachen und Reden gleichgesetzt werden, auch wenn viele heute danach streben, ihre Rhetorik zu perfektionieren, und glauben, damit ihre Kommunikationsfähigkeit verbessert zu haben. Ursprünglich bedeutet Rhetorik ja die Lehre, die Kunst oder Art und Weise, wie jemand zu Sagendes darstellen kann. Rhetorik sei deshalb hier als Handwerkszeug verstanden, mit dem Führungskräfte sehr wohl ausgestattet sein sollten.

Dieses Handwerkszeug allein ermöglicht aber noch keine echte Kommunikation. Es ist nicht gleichzusetzen mit Kommunikationsfähigkeit. Genauso wenig leisten computeranimierte Bilder oder Filme an sich Kommunikationsdienste und stellt die Zeit, die man der Betrachtung solcher Bilder widmet, sicher, dass man sich mit deren Inhalt beschäftigt hat. Dies führt nur zu einer Anhäufung von sogenannten Informationen, die wenig konstruktive Unterstützung bei der Bewältigung schwieriger Aufgaben bieten, schon gar nicht bei der Lösung existentieller Probleme. Kommunikative Kompetenz im Hinblick auf Führungskräfte und ihre persönliche Überzeugungskraft ist deshalb

- die Fähigkeit, emotionale Erlebnisinhalte als positiv und negativ verbalisieren zu können,

- die Fähigkeit, anderen zuhören zu können,

- die Fähigkeit, auf andere eingehen zu können,

- die Fähigkeit, Konflikten konstruktiv begegnen zu können,

- die Fähigkeit, mit Kritik aktiv und passiv umgehen zu können und

- die Fähigkeit, das eigene Fremdbild hinterfragen und internalisieren zu können.

In der Kommunikationsfähigkeit wird schließlich das Ergebnis der Persönlichkeitsbildung eines Menschen sichtbar. Kommunikation bildet das sinngebende Merkmal des Zwischenmenschlichen. Deshalb wird es gerade in Zeiten starker Veränderungen und der demografischen Um-

wälzungen wichtig, in die Persönlichkeitsbildung der Menschen zu investieren, Persönlichkeitsbildung auch für die Unternehmensentwicklung ernst zu nehmen und sie in die strategische Planung stärker einzubeziehen.

Kommunikation sollte deshalb in Zukunft den bereits existierenden
Querschnittsfunktionen noch weitere Bereiche hinzufügen: Soziales,
Kulturelles, Ökologisches, Verantwortungsbewusstsein und Streben
nach Nachhaltigkeit. Sie sollte sich öffnen für anderes, für andere
Sichtweisen und andere Wege.

Deshalb stellen wir im Folgenden zwei Wege und Denktraditionen gegenüber, die auch auf den Weltmärkten in direkter Konkurrenz stehen,
die aber durch ein kommunikatives Miteinander durchaus voneinander
profitieren können, das eher europäische „Entweder-oder" und das eher
asiatische „Sowohl-als-auch".

## Unser Erbe steht uns häufig im Weg

Unser Verhalten, unser Handeln und Tun sowie unser Bewusstsein werden geprägt durch unser kulturelles Erbe und unsere historische Entwicklung. Im westeuropäischen Kulturkreis beruht dieses Erbe auf dem
logisch-rationalen, dualistischen Denken, auf der Trennung von Leib und
Seele, von Materie und Geist, von oben und unten, von gut und böse, von
rational und intuitiv, von atomistisch und holistisch.

Diese Trennung und das daraus resultierende Denken in Gegensätzen
gehen zurück bis auf das Alte Testament und auf die griechische Philosophie. In der Genesis, dem ersten Buch Mose, finden wir den Satz: „Seid
fruchtbar und mehret euch und erfüllet die Erde und macht sie euch
untertan! Herrschet über die Fische des Meeres und über die Vögel des
Himmels und über alles Getier, das sich auf der Erde regt!" Dieser Satz
wird oft als der „Dreschflegel der Genesis" bezeichnet. Er hat bewirkt,
dass der Mensch sich als Herr über die Natur betrachtet und sie sich
entsprechend seinem Willen unterordnet.

Seine Ergänzung findet dieses Denken bei den Griechen, bei Sokrates, Platon, Aristoteles bis in die Zeit der Aufklärung mit dem französischen Philosophen René Descartes (1596-1650). Unser analytisch-dualistisches Denken und unsere vom Kausalitätsprinzip und dualer Logik ausgehende Weltanschauung wurden ganz entscheidend dadurch bestimmt. Der französische Mathematiker und Astronom Pierre Simon Laplace (1749-1827) schließlich proklamierte die prinzipielle Berechenbarkeit der Zukunft. Spätestens mit Laplace schien also die Berechenbarkeit der Dinge in die Nähe des Möglichen zu rücken. Das daraus resultierende Denken ist nicht nur zur wesentlichen Basis unserer westlichen Kultur geworden, sie wird immer noch als das auch für Andere Seligmachende propagiert.

Ohne im Einzelnen auf die unterschiedlichen philosophischen und gesellschaftlichen Einflüsse einzugehen, sollen hier die Verbindungen zum heutigen Management und unserem Führungsverständnis hergestellt werden.

Unsere abendländische Kultur hat zur extremen Ausprägung unseres analytisch-dualistischen Denkansatzes geführt. Sie ist die Ursache für unser oft auf Planung und Rationalität ausgerichtetes Handeln, für die Dominanz der linken Hirnhälfte, bei der Logik, Analyse, Linearität, Vernunft und Fakten im Vordergrund stehen. Parallel zu dieser Entwicklung haben wir - zwangsläufig - die andere Hirnhälfte, also Phantasie, Intuition, Kreativität, Emotion, Ganzheitlichkeit und Spontaneität vernachlässigt.

Das europäische Entweder-oder ist ganz wesentlich auf diese historische Entwicklung zurückzuführen. Und erst langsam merken wir, dass unser eigenes Denken die Ursache für viele Probleme und Krisenerscheinungen ist, mit denen wir in jüngster Zeit konfrontiert werden. Mehr und mehr spüren wir die negativen Folgen, Auswüchse und Grenzen einseitigen Denkens, das auf einer nicht mehr passenden Reduktion der Wirklichkeit, einem System abstrakter Konzepte und linearer, sequentieller Strukturen beruht.

Zu den Nachteilen, die wir durch diese übertriebene Anwendung von Logik und Rationalität in Kauf nehmen müssen, zählt sicherlich der

Verlust an Ganzheit, Harmonie, Orientierung und Sinn. Dies empfinden die Menschen heute immer stärker. Wir haben, so die Feststellung von Gottlieb Guntern, „die Weisheit verloren, die der höchste Ausdruck unserer Intelligenz ist und die, wie die Kreativität, nur in der intensiven Zusammenarbeit beider Hirnhemisphären zustande kommt ... Wir sind im blindwütigen Aktionsmodus der dominanten Hirnhemisphäre auf die Natur losgegangen und haben sie in unseren technologischen Würgegriff genommen. Wir haben den Rezeptionsmodus der nichtdominanten Hirnhemisphäre vernachlässigt und sind daher blind geworden für die Zeichen an der Wand, die uns schon lange davor warnen, dass manches auf unserem Planeten nicht zum Besten bestellt ist." (Guntern 1992, S. 64)

Mit diesem logisch-rationalen Denkansatz haben wir in den Naturwissenschaften zweifellos große Erfolge erzielt. Angesichts der Fortschritte in vergangenen zwei Jahrhunderten kann der erreichte praktische Nutzen nicht in Zweifel gezogen werden. Aber dieser Denkansatz hat auch unser Ursache-Wirkung-Denken, das Denken in Polaritäten, das Denken in Schwarz und Weiß zum beherrschenden Denkmuster gemacht. Die Folge davon ist die von Taylor und Ford eingeführte Produktionstechnik und das bis heute verbreitete Verständnis von der Maschine Mensch, die mit Ersatzteilen repariert und wieder zum Funktionieren gebracht werden kann. Folge davon ist das mechanistische Verständnis von Organisation und Unternehmen. Folge davon ist auch die brillante Entdeckung von Adam Smith, dass industrielle Arbeit nur in ihre einfachsten und grundlegenden Aufgaben und Teile zerlegt werden muss, um enorme Produktivitätsfortschritte zu erzielen.

Die Suche nach Fehlern steht bei dieser Denkkultur eindeutig im Vordergrund. Die Suche nach Lösungsmöglichkeiten rückt zwangsläufig in den Hintergrund. Die einzelne Tätigkeit dominiert und muss kontrolliert werden. Der Gesamtzusammenhang und der Gesamtprozess werden meist vernachlässigt. So geschieht es auch oft genug, dass Teile des Unternehmens nur zu Lasten anderer Bereiche und damit zu Lasten des Gesamtunternehmens arbeiten. Der oft praktizierte Bereichs- und Ressortegoismus kann auch auf diese Wurzeln zurückgeführt werden.

# Die Industriekultur ist das Ergebnis unserer Denkkultur

In unserer Industriegesellschaft finden wir die logisch-rationale Denkkultur in die Praxis umgesetzt. Die erwähnten Methoden und Gedanken von Smith, Taylor und Ford prägen bis heute unsere Unternehmen. Fast alle arbeiten noch nach deren zentralen Leitlinien: extreme Arbeitsteilung, Spezialisierung und entsprechende Fragmentierung der Arbeit, ihrer Abläufe und der Arbeitsvorgänge. Sie sind in ihrem Planen, ihrem autoritären Führen und ihrem übertriebenen Misstrauen aus dieser abendländischen Denkkultur heraus zu erklären.

Aber auch die Einflüsse unserer Geschichte der vergangenen zwei Jahrhunderte lassen sich hier ausfindig machen. Die preußische Obrigkeitsgläubigkeit und die aus den preußischen Erfolgen resultierenden Tugenden wie Fleiß, Tüchtigkeit, Treue, Gehorsam, Pflichtgefühl oder Wahrhaftigkeit haben lange das Geschehen in unseren Unternehmen bestimmt. So ist es auch zu erklären, dass sich Führungsgehorsam, autoritäre Strukturen, Hierarchien oder patriarchalische Führung so lange halten und das Wohl und Wehe in unseren Unternehmen bestimmen konnten.

Diese abendländische Denkkultur findet natürlich auch ihren Niederschlag in unseren Ausbildungssystemen. Die vermittelten Inhalte sind immer noch geprägt von einer starken Betonung des digitalen Denkens, also Ausrichtung auf die linke Hirnhälfte. Sie sind geprägt von einer Betonung des Faktenwissens, der mathematischen Analyse, der reinen Wissensvermittlung, der Logik und Kausalität. Vernachlässigt werden immer noch das analoge Denken, ganzheitliche und vernetzte Erfahrungen, zum Beispiel in der Gemeinschaft oder im Team. Das Streben nach Ergebnissen in Form von Noten steht an erster Stelle. Soziales Lernen und Verhalten sowie Zusammenarbeit, Zusammenwirken und Miteinander werden in dieser Ausbildungsform kaum vermittelt – alles Fähigkeiten, die zum Management und zum „richtigen" Führen notwendig wären. Ein Menschenbild zum besseren Miteinander wird also in unseren Ausbildungssystemen nicht gelehrt und nicht vermittelt. So wird auch zu Recht beklagt, dass es für den Beruf „Management" keinerlei ernstzunehmende Ausbildung gibt.

## Wir brauchen ein neues Karriereverständnis

Wir müssen den Begriff Karriere deshalb neu definieren. Er muss einhergehen mit Verantwortung und Nachhaltigkeit. Wir brauchen zwar
weiter Führungskräfte, aber mit ganz besonderen Fähigkeiten im Umgang mit den vorhandenen Energien und Ressourcen. Sie müssen in der
Lage sein, Freiräume zu gewähren, also die Mitarbeiter wirklich loszu-
lassen, um Vielfalt entstehen zu lassen. Nur so können sich die notwendigen Wissensnetzwerke entwickeln. In der Ausbildung besteht hier ein
enormer Nachholbedarf.

Karriere werden wir künftig nicht mehr als vertikalen Aufstieg in der
Organisationshierarchie bewerten, sondern sie muss auch definiert
werden als die Möglichkeit des Gewinnes zusätzlicher Erfahrungen, als
Möglichkeit für neue Herausforderungen und Aufgabenfelder oder auch
als Möglichkeit zur Wahrnehmung besonders interessanter Aufgaben.
Karriere wird einhergehen mit Gestalten und Bewegen. Nur wird sich
dies nicht mehr ausschließlich auf Hierarchie und Organisation beschränken, sondern auf Aufgaben, Prozesse, Projekte und Bereiche. Neben der bisherigen Führungskarriere wird in Zukunft die Fachkarriere
ein sehr viel stärkeres Gewicht erhalten. Im Zeitalter lernender Organisationen und flacher Hierarchien hat sich das traditionelle Karrieremo-
dell überlebt.

Lange wurde unser Karriereverständnis von dem Bild der Karrierelei-
ter bestimmt, bei der es galt, eine Hierarchiestufe nach der anderen zu
erklimmen, um schließlich an die Spitze der Pyramide oder zumindest
ins obere Feld zu gelangen. In Zukunft wird die Frage nach der Karriere
lauten: Möchte ich Menschen auf ein Ziel hin bewegen und dazu die
Möglichkeiten schaffen, oder möchte ich ein breites Feld von Aufgaben
und Problemstellungen bearbeiten und beherrschen? Dabei wird die
eigentliche Gestaltungsaufgabe mehr und mehr nach unten verlagert.
Oben muss dafür gesorgt werden, dass das Zusammenspiel funktioniert,
Vielfalt sich entfaltet und mögliche Hindernisse aus dem Weg geräumt
werden.

Unser neues Karriereverständnis muss Fachaufgaben sehr viel stärker aufwerten, wollen wir Frustration und Perspektivlosigkeit bei den

Mitarbeitern vermeiden und deren Engagement gewinnen. Die persönliche Kompetenz rückt dabei stärker in den Mittelpunkt. Wir müssen uns verabschieden von der Vorstellung, Führen sei mehr wert als Ausführen. Karriere heißt in Zukunft Kompetenzentwicklung. Dies wird auch seinen Niederschlag in den zukünftigen Anreiz- und Entlohnungssystemen finden. Diese werden sich nicht mehr danach richten, wie viele Mitarbeiter jemand unter sich hat oder wie groß das von ihm verwaltete Budget ist. Zukunftsweisende Karrierekonzepte müssen berücksichtigen, welchen Beitrag eine Person, ein Team oder eine Gruppe zur Wertschöpfung des Ganzen erbringen.

Als ernst zu nehmendes Ergebnis nicht zuletzt unseres Ausbildungs- und Weiterbildungssystems sind auch die immer wieder anzutreffenden Lernblockaden und die hartnäckige mentale Besitzstandswahrung zu sehen. Die europäischen Länder hatten mit der ersten industriellen Revolution eine Überlegenheit gewonnen, die sie dazu verleitete, verächtlich auf alles herabzusehen, das ihnen nicht ähnlich war. Heute besteht für die Europäer die Gefahr, abgehängt und eine Gesellschaft von zukünftigen Armen zu werden. Wir bilden uns weiterhin ein, in jeder Hinsicht Vorbild zu sein: von den Menschenrechten bis zum sozialen Fortschritt, von der Kreativität bis zur Technik, von der Handhabung der Macht bis zur feinen Lebensart.

In dem Maße, wie unsere Werte uns zusagen, meinen wir immer noch, ihre Allgemeingültigkeit propagieren zu können. Tatsächlich war unsere wirtschaftliche Vormachtstellung eng mit unserer Kultur verzahnt. Mit dem enormen Technologietransfer der vergangenen Jahrzehnte in andere Kulturkreise wird aber unsere Führungsrolle in Frage gestellt, ohne dass wir uns dessen oft wirklich bewusst werden. Die technologische Entwicklung und Qualifizierung in Asien zeigen deutlich, dass diese Länder uns ebenbürtig geworden sind. Und wie schon zu Beginn erwähnt, wird als Ergebnis dieser Entwicklung das Bruttoinlandsprodukt der Schwellenländer in diesem Jahrzehnt das der Industrieländer überrunden.

## Der Abschied vom Kausalitätsprinzip

In der sich abzeichnenden Netzwerk-, Dienstleistungs- und Kreativge-
sellschaft stößt die aufgezeigte Denkkultur zunehmend an ihre Grenzen.
Sie reicht nicht mehr aus. Die Welt von Adam Smith und ihr Geschäfts-
gebaren sind das Paradigma der Vergangenheit. Quantenphysik, fraktale
Geometrie, Molekularbiologie, die Nanotechnologie und der Blick in die
kleinsten Strukturen der Mikrowelt markieren den Abschied vom Kausalitätsprinzip.

Um dem Vorwurf der Schwarz-Weiß-Malerei entgegenzutreten, sei
aber betont, dass unsere europäische Denkkultur natürlich unseren
derzeitigen Lebensstandard ermöglicht hat. Sie hat uns viele Errungenschaften beschert, die wir heute als selbstverständlich betrachten und
auf die wir nicht mehr verzichten möchten. Sie hat uns auch von vielen
Naturkatastrophen und Krankheiten befreit. All diese Errungenschaften
reichen aber nicht mehr aus, um die Zukunft in gleicher Weise zu bewältigen, wie wir das bisher getan haben. Besonders krass macht sich dies
im Management von Unternehmen bemerkbar. Denn oft sind Mitarbeiter
und Manager derzeit Gefangene antiquierter Theorien der Arbeitsorga-
nisation, Theorien, die aus der Frühzeit der Industrialisierung stammen.
Die Prinzipien der Arbeitsteilung, der ausgefeilten Kontrollmechanismen oder der Führungshierarchie passen nicht mehr in eine Welt des
ständigen Wandels, des globalen Wettbewerbs und der grenzüberschrei-
tenden Kooperation.

Die überwiegend rationale, analytische und reduktionistische Denkweise konzentriert sich vor allem auf das Quantitative, das in der Regel
in ein maximierendes Verhalten mündet. Dieses Verhalten betrachtet
eine Variable isoliert und versucht, ausschließlich diese zu maximieren.
Analyse, Strategie, Planung und Kontrolle im herkömmlichen betriebs-
wirtschaftlichen Sinn beruhen ja gerade auf der logisch-rationalen
Denkweise. Sie führen fast automatisch zu dem eben beschriebenen
Verhalten.

Ein einleuchtendes Beispiel dafür ist das Gewinnmaximierungs-
Streben vieler Unternehmen. Dass ein solches Maximierungs-Streben
meist ein „Nullsummen-Spiel" ist, ergibt sich heute fast zwangsläufig.

Das heißt, der durch das Maximierungsverhalten angestrebte Gewinn kann oft nur durch den Verlust an anderer Stelle realisiert werden. Das erst in jüngster Zeit wachgewordene Nachhaltigkeits-Bewusstsein und das Streben nach Energie- und Ressourcenproduktivität, wie wir sie hier verstehen, machen deutlich darauf aufmerksam.

Eine zweite Gedankenkette möchte ich zur Verdeutlichung anfügen. Das Denken in Entweder-oder-Kategorien ist reduktionistisch und schafft dadurch willkürlich isolierte Einheiten. Gemeinsamkeiten werden verwischt. Dieses Denken führt komplexe Ereignisse auf eine einzige Ursache zurück, so dass sich eine scheinbar klare Ursache-Wirkungs-Beziehung ausmachen lässt.

Das Denken im Entweder-oder-Muster ist auch einseitig dualistisch, das heißt, es entstehen bei der Beobachtung und Analyse immer zwei entgegengesetzte Teile wie gut und böse, groß und klein, hell und dunkel, oben und unten, hart und weich, warm und kalt, langsam und schnell, innen und außen, schwarz und weiß. Wieder werden wie bei der reduktionistischen Betrachtungsweise Gemeinsamkeiten und die durchaus vorhandene Vielfalt verwischt, die sich etwa aus den verschiedenen Schattierungen zwischen schwarz und weiß oder hell und dunkel ergeben.

Das Entweder-oder-Denken ist einseitig analytisch und das Organische und eher einem Gewebe oder Netzwerk Entsprechende der Realität kann dabei kaum erfasst werden. Schließlich konzentriert sich das Entweder-oder-Denken auf das vordergründig Rationale und Produktive, das heißt, exakt definierbare Begriffe, mathematische und logische Schemata stehen im Vordergrund. Und damit sind wir wieder beim rein Quantitativen unseres obigen Ausgangspunktes.

Diese europäische Kultur wird denn auch als monochron bezeichnet, im Gegensatz zur polychronen. In monochronen Kulturen ist die Kommunikation unter vier Augen im direkten Zweiergespräch die bevorzugte Art des Umgangs miteinander. Dies äußert sich unter anderem darin, dass jeder durch sein eigenes Büro zunächst einmal von Kollegen und Mitarbeitern getrennt ist. Sicherlich ist dadurch ein effizientes, ruhiges und ungestörtes Arbeiten möglich, das für viele kreative Aufgaben auch dringend erforderlich ist.

Aber auf der anderen Seite müssen in diesen monochronen Kulturen andere Möglichkeiten geschaffen werden, um den durch die Isolierung behinderten Informations- und Kommunikationsfluss in Gang zu halten. Die dazu eingerichteten Konferenzen und Besprechungen haben meist eine feste Tagesordnung, die strikt Punkt für Punkt abgehandelt wird. Kein Teilnehmer verlässt den Besprechungsraum außerhalb der per Tagesordnung festgesetzten, offiziellen Pausen. Ohne dies zunächst bewerten zu wollen, sei also festgehalten, dass diese Merkmale die Arbeitsweise unserer Gesellschaft und Arbeitswelt prägen.

Polychrone Kulturen, wie wir sie beispielsweise in den romanischen Ländern Südeuropas, aber auch in Asien finden, zeichnen sich durch eine hohe Informations- und Kommunikationsdichte und einen ungehinderten Informationsfluss aus.

Bestätigt wird die polychrone Ausrichtung auch, wenn wir in einem südeuropäischen Land durch die Orte und Städte gehen: Wie viele Menschen sind dort unterwegs, treffen sich und tauschen alle möglichen Informationen aus! Man lebt viel mehr miteinander als wir dies etwa in Deutschland gewohnt sind. Das Ergebnis sind dann auch besser oder gleichermaßen informierte Menschen, die über viele Dinge auf dem gleichen Kenntnisstand sind, auch wenn sich dies oft im privaten Bereich abspielt.

Dieser andere Umgang miteinander überträgt sich fast selbstverständlich auch auf die Unternehmen, auf die Arbeit und auf die Arbeitsweise. Entscheidungen können so auch leichter auf mehrere Schultern verteilt werden, da alle beteiligt sind. Die offene Atmosphäre, in der polychrone Menschen leben und arbeiten, ermöglicht fast von alleine einen intensiveren Informationsaustausch und eine echte Kommunikation, wie wir sie im ersten Abschnitt dieses Kapitels bereits beschrieben haben. Und damit kommen wir zu dem „Sowohl-als-auch", welches eher in polychronen Kulturen gelebt wird.

# Das Sowohl-als-auch als neues Denken

Gegenwärtige und künftige Veränderungen oder Entwicklungen können aufgrund der Komplexität und der weitreichenden Auswirkungen meistens nicht mehr von Einzelnen, sondern nur gemeinsam im Miteinander bewältigt werden. Diese Erkenntnis haben zum Beispiel viele Asiaten als kulturelles Erbe und als Prinzip verinnerlicht.

Was zeichnet dieses fernöstliche Denken aus? Worauf basiert dieses Denken? Welches Menschenbild liegt ihm zugrunde? Und wie unterscheidet sich dieses von dem europäischen?

Man kann dieses polychrone Sowohl-als-auch als Denken und Menschenbild wie folgt charakterisieren:

- Handlungen bestehen nicht nur aus dem Tun, sondern auch dem Gegenteil, aus Unterlassungen.

- Für die individuelle Entfaltung und Entwicklung ist „sich bescheiden können" genauso wichtig wie sich befriedigen können.

- Zielorientiertes Handeln muss durch das höherwertige pflichtorientierte Handeln ergänzt werden.

- Das Menschenbild ist geprägt von der Vorstellung, dass die Gesamtheit der Menschen aus den Unterschiedlichkeiten des einzelnen Menschseins zusammengesetzt ist.

Erinnern wir uns an die Quellen des Entweder-oder-Denkschemas, so ist festzustellen, dass vieles von dem, was wir oft zu Recht als Mangel empfinden, im Sowohl-als-auch-Denken selbstverständlich und tief in der Kultur verankert ist. Schauen wir uns nur einmal die Begriffe und Muster an, die im westlichen Denken vorherrschen und das Handeln bestimmen. Wir haben den Dualismus und eine einseitige Logik im Denken, streng analytische Vorgehensweise, rationales Handeln, die Zerlegung der Arbeit in kleinste Einheiten und eine genaue Kontrolle dieser unselbständigen Einheiten ausgemacht. Wir haben es überwiegend mit dem Denken in Polaritäten oder in den Kategorien Schwarz und Weiß zu tun, welches die letzten 2000 Jahre geprägt hat.

Wir haben das Gewicht auf Linearität, Vernunft und Fakten gelegt. Schließlich haben wir eine überwiegend reduktionistische Betrachtungsweise in Ursache-Wirkungs-Kategorien festgestellt, die voraussagbare, auf Einfachheit reduzierte und strikt kausale Zusammenhänge sucht. Wir haben ein Streben nach Berechenbarkeit und Beherrschbarkeit ausgemacht. Zusammengefasst können wir sagen, dass wir überwiegend eine operative Vereinfachung vorfinden, die unterstellt, dass alles planbar, organisierbar, kontrollierbar und beherrschbar ist, und zwar quer durch alle Bereiche unserer Gesellschaft, also auch durch unsere Unternehmen und quer durch das Management.

Bilden wir dazu die Gegenbegriffe, so erkennen wir sehr schnell, dass genau dies die Grundlagen der polychronen Kultur und Gesellschaft sind. So beruht zum Beispiel die prägende Tradition im fernen Osten auf einer ganz anderen Basis als die abendländische. An erster Stelle ist das intuitive Denken zu nennen, welches das Problem der dualistischen Spaltung nicht kennt. So sind zum Beispiel die europäischen Gärten geometrisch angelegt – übersichtlich, gradlinig, wohlgeordnet. Dahinter steht die Vorstellung, der Mensch müsse die Natur beherrschen und gegen sie kämpfen. Japanische Gärten versuchen dagegen, die Natur darzustellen, fast zu zelebrieren. Auf kleinstem Raum wird die Schönheit und Harmonie des Ganzen nachempfunden und gestaltet.

Dieses Einbeziehen des Ganzen, das lebendige Bewusstsein des Zusammenhalts, ist dafür typisch. Demnach wird das östliche Denken und Handeln nicht so sehr von Gegensätzen, sondern sehr viel stärker von Harmonie und Zusammenspiel geprägt. Es vermeidet das Vorgehen in logischen Ketten. Logisches Denken stellt nur eine Verhaltensform dar, neben der es jedoch noch viele andere gibt und geben muss.

Daraus folgt auch direkt die ausgeprägte Offenheit für Neues, für Andersartiges, für Wandel und Veränderung. Statt des westlichen individuellen Drangs nach Selbstverwirklichung steht in anderen Kulturen eine evolutionäre Entwicklung im Zentrum, das Zusammenleben also, das Kooperative, Gemeinschaftswille und Miteinander. Aus diesem Grund wird auch dem Menschen und damit den Führungsinstrumenten Kommunikation, Koordination und Organisation der größte Stellenwert für eine Produktivitätssteigerung beigemessen. Ich erinnere an die bei uns vernachlässigte Organisationsproduktivität, auf die wir bereits eingegangen sind.

Westlicher Individualismus und fernöstliches Streben nach Harmonie, verwurzelt im Konfuzianismus und Buddhismus, scheinen sich einander prinzipiell auszuschließen. So haben denn auch viele in Fernost das Prinzip des Wettbewerbs nur auf der Ebene von Gruppen und Organisationen (Unternehmen) übernommen, keineswegs aber auf der Ebene des Individuums.

## Von Unterschieden profitieren und Platz für Vielfalt schaffen

Das Prinzip des Miteinander resultiert in der asiatischen Kultur aus der Tradition, der Religion und aus den ethischen Grundlagen, aber auch genauso aus dem Umgang mit fremden Einflüssen, speziell dem westlichen Wirtschaftsprinzip. Aus dieser Denktradition wäre zum Beispiel auch die Entwicklung unseres Systems der Marktwirtschaft wohl kaum möglich gewesen. Die Asiaten haben aber (im Sinne des Miteinander) das marktwirtschaftliche Modell in das eigene gesellschaftliche System integriert und weiterentwickelt, ohne die eigene Identität und das eigene Selbst aufzugeben. Genau darin liegt vielleicht das eigentlich Zukunftsweisende dieses Weges. Für das Management gilt die Beteiligung und Partizipation der Mitarbeiter als der Königsweg für eine reibungslose Aufgabenerfüllung, während Partizipation in Europa immer noch vernachlässigt wird oder einen eher negativen Beigeschmack hat.

Statt tayloristischer Arbeitsteilung, bei der nur die Unternehmensleitung einen Überblick über die gesamten Prozessabläufe anstrebt, setzt autonomes Management darauf, dass alle Arbeitsgruppen im Betrieb die relevanten Informationen aller Abläufe erhalten und dann eigenverantwortlich handeln, wobei sie horizontale Kommunikation pflegen. Sie bekommen ihre Informationen nicht mehr von ‚betriebsfremden' Abteilungen mit Stabscharakter unter zeitlicher Verzögerung zugeteilt, sondern sie beschaffen sich selbst, was immer sie an Informationen benötigen.

Wie in der Natur werden die anfallenden Probleme durch Selbstmanagement und Selbstverwaltung gelöst. Dies ist jedoch nicht im Sinne einer formalen Demokratisierung der Unternehmen zu verstehen. Vielmehr gilt es als ein Instrumentarium, das Kräfte und eine enorme Kreativität freisetzt, die in eine Vielzahl von Verbesserungsvorschlägen mündet.

Wenn man einen weiteren gravierenden Unterschied zwischen dem europäischen Entweder-oder und dem asiatischen Sowohl-als-auch anführen wollte, dann ist dies die unterschiedliche religiöse Verwurzelung. Die Religionen Asiens sind in erster Linie Lebensphilosophien, die in ihrem Wesen auf Kreislaufdenken aufgebaut sind. Dieses Denken entspricht sehr viel stärker den Abläufen und Prozessen in der Natur als unsere logisch-rationale Ausrichtung. Kreisläufe sind in der Natur das normale, überall vorzufindende Ablaufschema. Im Buddhismus zum Beispiel wird Arbeit nicht als notwendiges Übel und Last – im Schweiße deines Angesichts sollst du dein Brot essen – sondern als etwas Nützliches und Gewinnbringendes angesehen (*Freude erzielen statt Schmerzen vermeiden*). So sagt man auch, Asiaten seien von Natur aus Bauern, während die Europäer Jäger seien. Jäger brauchen einen physisch und psychisch starken Anführer – europäisches Führungsverständnis und -prinzip. Bauern dagegen brauchen einen guten Koordinator, der das Miteinander und ein gutes gegenseitiges Einvernehmen organisiert, denn sein Tun basiert auf der Einsicht gegenseitiger und gemeinsamer Abhängigkeit.

So ist in Japan zum Beispiel über lange Zeit auch das Miteinander in Form des „Keiretsu" (Keiretsu heißt Gruppe) üblich gewesen. Keiretsu steht für langfristige Beziehungen zwischen Geschäftspartnern, und zwar sowohl vertikal zwischen Herstellern und Lieferanten als auch horizontal zwischen Kooperationspartnern oder zwischen Unternehmen und Finanzier. Im Mittelpunkt des Keiretsu steht eine partnerschaftliche und faire Zusammenarbeit, ganz gleich, wer die jeweiligen Partner sind. Asiaten betrachten fremde Kulturen nicht als potenzielle Bedrohung ihrer eigenen. Wenn sie nützliche Elemente anderer Kulturen entdecken, werden sie versuchen, diese in die eigene einzuflechten, um diese letztendlich stärken zu können. Aus dieser asiatischen Tradition heraus werden andere kulturelle Systeme nicht als Ganzes übernommen.

Die Asiaten schauen sich diese genau an und suchen sich aus allem die aus ihrer Sicht besten Stücke heraus, die sie in die eigenen Vorstellungen einbauen können. Sie wollen immer und überall von den Besten lernen. Und wenn sie etwas übernehmen von anderen, kommt dies der größten Auszeichnung und Anerkennung gleich, die sie jemandem entgegenbringen können.

Das Einbeziehen aller Ressourcen ist eines der Grundprinzipien der asiatischen Kultur. Sie signalisiert in meinen Augen genau die Wiederentdeckung des Miteinander als Qualifikation zum Management der Zukunft. So werden nach Peter Drucker auch beide Modelle in einer Art „Brain Capitalism" zusammenfinden. Wer wollte heute ernsthaft bezweifeln, dass es tatsächlich möglich ist, wechselseitig von den Unterschieden verschiedener Kulturen zu profitieren. Diese Tatsache symbolisiert auch das chinesische Prinzip „Yin und Yang" (männlich und weiblich), der Verbindung zwischen Rationalem und Intuitivem. Die Potenziale durch das unterschiedliche Zusammenspiel beider sind im Grunde genommen unerschöpflich.

## Die einseitige Top-Down-Kultur hat ausgedient

Eine der Hauptherausforderungen für das Management wird es sein, die Vielfalt bei den Menschen und im Unternehmen zu managen und erfolgreich nutzen zu können. Im Alltag aber herrscht vielfach noch eine Top-Down-Mentalität nach klassischem Vorbild der Industrialisierung. Dies mag auch folgendes Beispiel zeigen, dass sich so in den vergangenen Jahren mehrfach ereignet hat:

Der Personalverantwortliche eines großen Unternehmens steht vor der Situation, wie sein Unternehmen durch Personalabbau und Kostenreduzierung auf aktuelle Probleme reagieren soll. Man plant und rechnet sich aus, welchen Personalstand man brauche, um die Kosten auf ein erträgliches, sprich wettbewerbsfähiges Niveau zu bringen. Dazu werden Maßnahmen und Pläne verabschiedet. Durch attraktive Abfindungen und Prämien sollen Mitarbeiter motiviert werden, das Unternehmen zu verlassen, in eine andere Beschäftigung oder den vorzeitigen Ruhestand

zu gehen. Es passiert - wie geplant -, die gewünschte Anzahl von Mitarbeitern findet sich bereit, das lukrative Angebot anzunehmen. Nach
klassisch quantitativer Planung und strategisch wohlgemeinter Absicht
also ein voller Erfolg.

Was man jedoch nicht genügend bedacht hat, ist die Tatsache, dass in
erster Linie vielleicht diejenigen Mitarbeiter das Angebot annehmen, die
man gar nicht entbehren will oder auch kann. So nehmen viele die finan-
zielle Offerte ihres Unternehmens als willkommenes Startkapital für
eine schon lange erträumte selbständige Existenz an. Andere begeben
sich in einen aktiven Vorruhestand, um endlich ihren Neigungen, auch
beruflichen, ungestört und intensiv nachgehen zu können. Beide Gruppen gehören zu dem Typus Mensch, der dort, wo er steht, anpackt, etwas
bewirkt und etwas bewegt. In manchen Abteilungen haben Unternehmen
mit einer solchen Maßnahme einen regelrechten „Aderlass" an guten
und fähigen Mitarbeitern ausgelöst, dass es künftig zu Engpässen, gar
Lieferschwierigkeiten kommen wird.

Was ist also geschehen, und was zeigt uns dieses Beispiel? Man versucht, möglichst schnell zu reparieren, was quantitative Größen angeht -
also Kosten runter -, ohne die Frage zu beantworten: Mit welchen Mitarbeitern, mit welchen Qualifikationen und mit welchen Fähigkeiten und
Kompetenzen (Energien und Ressourcen) will ich morgen am Markt
innovativ vertreten sein? Vernachlässigt wird dabei auch die Frage, mit
welchen Produkten - und diese werden von kreativen, leistungsbereiten
und innovationsfreudigen Mitarbeitern und Kompetenzträgern hergestellt - man in Zukunft auf die Kundenwünsche antworten möchte. Eine
fatale Situation angesichts der sich abzeichnenden demografischen
Konsequenzen, in die man sich aber selbst gebracht hat.

Die Hauptursache für eine solche Top-Down-Kultur liegt in dem oben
analysierten linear-mechanistischen Denk- und Führungsansatz. Bei
diesem Führungsansatz wird davon ausgegangen, dass die Zukunft des
Unternehmens rational und in sehr vielen Fällen durch reine Extrapolation der Vergangenheit prognostiziert werden kann. Diese Extrapolation
findet sich in den Planzahlen wieder, die oft genug vom Management als
Vorgabe gesetzt werden, ohne dass die jeweilige aktuelle Lage aus Sicht
der Mitarbeiter, geschweige denn des Kunden oder des Marktes reflek-

tiert, noch die Mitarbeiter mit ihrem speziellen Wissen und ihren Fähigkeiten einbezogen werden (falsche Nutzung der vorhanden Energien und Ressourcen). Keiner wagt es dann, den Vorgaben von oben zu widersprechen oder sie in Frage zu stellen. Alles wird nur noch auf diese Vorgaben hin ausgerichtet. Schieflagen werden vielleicht bemerkt, aber selten von den auf die Vorgaben Eingeschworenen wirklich thematisiert und angesprochen.

In vielen Fällen sind diese Maßnahmen aber auch von außen bedingt, weil man sich allzu sehr dem Urteil von Analysten und anderen hingegeben hat. Die Shareholder-Value-Orientierung hatte in der Vergangenheit oft die Oberhand gewonnen und der eigentliche Unternehmenszweck wurde diesem untergeordnet.

Wenn die Zahlen dann am Ende des Geschäftsjahres stimmen, atmen alle auf, dass es noch einmal gut gegangen ist. Prämien, Boni und Tantiemen werden für vermeintliche Verdienste und Leistungen vergeben, die bei genauerem Hinschauen gar nicht so verdienstvoll sind, weil sehr viele zum eigentlichen Erfolg nur wenig beigetragen haben. Die Erreichung der extrapolierten Planzahlen ist oft mehr von außen gesteuert, als dass sie wirklich von innen, wie angenommen, initiiert wurde. Die Kreativität jedenfalls wird durch die mentale Belastung der „falschen" und unzulänglichen Planung zusätzlich gemindert. Dies kann so weit gehen, dass die Leistungsfähigkeit des gesamten Unternehmens darunter leidet und sogar zurückgeht.

Viele der Misserfolge in den vergangenen Jahren sind auf die einseitige Shareholder-Value-Ausrichtung zurückzuführen. Oft hatten die reinen „Deal-Maker" Hochkonjunktur und es schien, als ob die lange gültigen wirtschaftlichen Gesetzmäßigkeiten außer Kraft gesetzt worden waren. Ihre Gültigkeit schien von den sich überschlagenden Erfolgen ad absurdum geführt. Doch wie die Sache ausging, konnten wir in den Jahren 2008 und 2009 hautnah miterleben. Mit den Folgen der eingetretenen Finanzmarktkrise werden wir uns noch einige Jahre auseinandersetzen müssen.

Wir brauchen die Geschichte nicht weiter auszubauen. Klar ist, dass oft die langfristige Existenzsicherung des Unternehmens vernachlässigt und keine innovative Ausrichtung für eine zukünftige Kompetenz wirklich in Angriff genommen wurde. Das obige Beispiel veranschaulicht die Schwierigkeiten, die viele Unternehmen haben, eine zukunftsorientierte, innovativ ausgerichtete Unternehmenskonzeption zu entwickeln und gleichzeitig mit den kurzfristig notwendigen Anforderungen fertig zu werden. Auf jeden Fall werden Kapazitäten und Ressourcen oft in die falsche Richtung und auf die falschen Aktivitäten gelenkt. Nur kann man diese jeweils nur einmal einsetzen. Und der Einsatz und die richtige Nutzung von Vielfalt werden in Zukunft die größten Auswirkungen auf den Erfolg von Unternehmen haben.

Was häufig auch zu kurz kommt, ist die Tatsache, dass viele der kurzfristigen Erfordernisse erst durch die mangelnde oder nur scheinbar vorhandene zukunftsorientierte Konzeption verursacht werden. Wer schnell ein Loch reparieren muss, damit ihm der Wasservorrat aus einem lädierten Tank nicht ausläuft, kann nicht darauf achten, dass eventuell der ganze Vorrat aufgrund anderer widriger Umstände in Gefahr ist. Es gilt also, ein solches Loch erst gar nicht entstehen zu lassen.

Eine nur an der Reparatur der Symptome orientierte Denkweise, die zwangsläufig sehr kurzfristig ist und nur auf den nächsten Bilanzstichtag schielt, eine solche Denkweise birgt die Gefahr in sich, langfristig schwerwiegende Fehler in Kauf zu nehmen. Sie verbirgt sich zum Beispiel auch hinter vielen hektischen Kürzungen von Werbe- und Marketing-Budgets, die den nächsten Bilanzstichtag „retten" und den viel größeren Schaden in den Folgejahren in Kauf nehmen. Diese Haltung ist bei vielen kurzfristigen Erfolgen hinlänglich bekannt. Eine solche Fehlorientierung ist schon vielfach zum Verhängnis für ganze Unternehmen geworden, da die Vitalität des Unternehmens nicht nur untergraben, sondern entscheidend geschwächt wurde.

Ergebnis einer solchen Reparaturkultur ist das schon mehrfach angesprochene Misstrauen, eine egozentrierte Innenorientierung auf den eigenen Tätigkeitsbereich, hektischer Aktionismus auch bei geringen Turbulenzen und bei häufigen Krisensitzungen, innere Distanz der Mitarbeiter, fehlendes Engagement und mangelnde Leistungsbereitschaft und Innovationsfähigkeit. Fatal erscheint es aber, dass viele Manager dies erst direkt im eigenen Umfeld erleben müssen, bevor sie dann –

wieder unter Zwang – bereit sind, ihr Führungsverständnis und ihr konkretes Führungsverhalten zu hinterfragen. Fatal erscheint es auch, dass sich dann oft wieder die oben beschriebene Reparaturmentalität einschleicht, diesmal nur auf die eigene Person gerichtet.

Als Ausweg aus dieser Situation könnte man eine Genesungsstrategie propagieren. Denn die unter starkem Druck und durch die schnelle Reparatur entstandenen Kulturschocks im Unternehmen zählen oft zu den teuersten und langfristig schädlichsten Veränderungsdramaturgien, deren sich Unternehmen bedienen können. Außer Frage steht, dass solche Kulturschocks und harte Entscheidungen in jedem Überlebenskampf vorkommen können. Diese sollten aber nur legitim sein, wenn sie nicht nur sachlich gerechtfertigt, sondern auch auf eine lange und ganzheitlich ausgerichtete Sicht sinnvoll sind und im Einklang mit der Unternehmenskultur und einer nachhaltigen Entwicklung stehen.

Genau dadurch zeichnet sich meines Erachtens auch ein verantwortungsvolles Management der Zukunft aus. Das erste Bestreben eines solchen Managements muss es sein, den Überlebenskampf von vornherein nicht zu einem existenzbedrohenden Ausmaß für das eigene Unternehmen ausarten zu lassen. Denn dann ist der Griff in die Reparaturkiste, der Griff zu übereilten, oft unausgegorenen und schon früher angewandten Reparaturmaßnahmen fast zwangsläufig. Die Kulturschocks sind der unausweichliche, aber viel zu hohe und kostspielige Preis für dieses Reparaturverhalten. Der Teufelskreis der Reparatur beginnt von vorne. Der Markt aber wird dafür immer weniger Verständnis zeigen oder einen Preis zahlen wollen.

## Selbsterneuerung statt Genesungsstrategie

Hier soll deshalb nicht so sehr eine Genesungsstrategie verfolgt werden, da eine Genesung immer auch eine vorherige Erkrankung oder eine durch Unfall entstandene Beeinträchtigung voraussetzt, die repariert werden soll. Deshalb wollen wir hier das umfassendere und ganzheitlicher ausgerichtete Konzept der Selbsterneuerung einer Genesungsstrategie vorziehen und entwickeln. In der Natur gibt es dafür viele Vorbilder

und Beispiele. Selbsterneuerung hat die Veränderung als Prinzip geradezu verinnerlicht, sie ist Normalität.

Ziel der Selbsterneuerung ist es, Ressourcen, Kompetenzen und Erfolgspotenziale so wirksam wie möglich werden zu lassen, ganz gleich
wie sich die äußeren Umstände gestalten. Es wird als selbstverständlich
angesehen, solche Veränderungen und sich selbst in Frage zu stellen, um
permanent zu lernen. Die Basisfaktoren heißen: sich entwickelnde Kompetenzen und Fähigkeiten sowie deren wirkungsvoller Einsatz. Es ergibt
sich deshalb fast von selbst, dass Verkrustungen und starre Strukturen
nicht vorkommen oder auf jeden Fall bekämpft werden, wie wir sie für
Unternehmen und Organisationen, besonders in den Abläufen, bereits
mehrfach ausgemacht haben.

Und dennoch gibt es bei allen Veränderungen, bei aller Dynamik auch
beim Prozess der Selbsterneuerung Orientierungspunkte als sogenannte
Konstanten: das Selbst oder die Identität.

Als Beispiel dafür kann der Mensch und seine biologische Konstituti-
on herangezogen werden. In einem ständigen Rhythmus von etwa sieben
Jahren erneuern sich durch den biologischen Kreislauf alle Zellen des
menschlichen Organismus. Wenn wir also einen Freund nach sieben
Jahren wiedersehen, ist eigentlich nichts mehr von dem gleich geblieben,
was wir vom letzten Zusammentreffen her kennen. Und dennoch ist sein
Äußeres außer den Folgen des Älterwerdens gleich. Wir erkennen seinen
Charakter, sein Profil, seine körperliche Konstitution, seine typischen
Verhaltensweisen und seine Identität wieder, obwohl sich alle seine
körperlichen Zellen erneuert haben, also ausgetauscht wurden.

Etwas Ähnliches können wir bis heute für Unternehmen und Organisationen kaum ausmachen. Zellen und Bereiche erneuern sich nur selten
wirklich, wenn überhaupt, dann nur sehr langsam und in kleinen Schrit-
ten. Genauso erstaunt es immer wieder beim Betrachten von Bildern aus
der Kindheit und Jugendzeit, wie viel Ähnlichkeit wir doch feststellen
können mit den heute erwachsenen Personen, obwohl nichts mehr an der
jeweiligen Person gleich geblieben ist.

## Das Natur-Element Wasser als Vorbild

Als weiteres Beispiel für das Konzept der Selbsterneuerung soll hier das Element Wasser herangezogen werden. Wie kaum ein anderes Element passt es sich ständig seiner Umgebung an. Es kann rund, flach, eckig oder kantig werden. Es kann ebenso langsam dahinfließen wie sich in tobenden Bächen und Fluten oder als reißender Strom fortbewegen. Es kann je nach Umfeld tropfenförmig, nebelförmig, gasförmig oder eisförmig vorkommen.

Wir kennen es als lang erwarteten Regen in Trockenperioden, als Hagelschauer bei Sommergewittern, als leichten Nieselregen, als Nebel im Herbst oder als Schnee und Eis im Winter. Wir finden es als sprudelnde Quelle, als Bach, als Fluss, als Strom, als Weiher, als See oder als Meer, Ozean oder gar existenzbedrohenden Tsunami. Wir nutzen es als Trinkwasser, als Fontäne und Brunnen, als Bassin zum Schwimmen, aber auch als Bewässerungsanlage für Felder und Garten oder als Wasserstraße zum Transport und zur Fortbewegung.

Fast alles, was wir für unsere Ernährung und Existenz benötigen, enthält das Element Wasser. Und dieses Element befindet sich in einem ständigen Kreislauf, ist in Bewegung und verändert sich. Selbst in unseren Körperzellen ist es vorhanden und passt sich den jeweiligen Erfordernissen an. Es setzt sich aus einzelnen Bestandteilen, den Wassertropfen, zusammen. Obwohl jedes Teilchen in Form eines Tropfens oder eines Wassermoleküls allein strengen physikalischen Gesetzmäßigkeiten gehorcht, bilden sich im Wasser insgesamt nicht mehr überschaubare Strukturen und Bewegungen, die ganz unterschiedliche Ereignisse auslösen können.

Wenn wir zum Beispiel eine Bucht am Meer oder einen See in den Bergen bestaunen und beide immer wieder als gleich schön empfinden – sie sind nie gleich, wenn wir sie ein zweites Mal betrachten. Schon Heraklit stellte vor 2500 Jahren fest, man könne nicht zweimal in den gleichen Fluss steigen: Erstens habe sich der Fluss verändert, da das Wasser ständig in Bewegung ist, und zweitens haben wir uns selbst verändert. Er beanspruchte bereits in der Antike eine von allen herkömmlichen Vorstellungsweisen verschiedene Einsicht in die Weltordnung. Daraus leitete er eine nachhaltige Kritik der oberflächlichen Realitätswahrnehmung und Lebensart der meisten Menschen ab.

Doch zurück zum Wasser als Beispiel für die Selbsterneuerung: Die Wellen, die Strömungen und der Wind verändern das Wasser, seine Anordnung und Zusammensetzung aus den einzelnen Tropfen und Wassermolekülen ständig, und dennoch erscheint es uns gleich. Auch die Energie und die Kraft erzeugt das Wasser permanent aus sich selbst heraus. In einem ewigen Kreislauf der Bewegung, beginnend mit der Verdunstung über den Regen, über das sich Sammeln, Fließen, Strömen, Versickern bis zum Aufsteigen, Verteilen und sich ständig Anpassen und Verändern, entsteht neue Energie, Kraft und Leben.

Das Prinzip der Selbsterneuerung kann wohl kaum besser dargestellt werden als mit der Metapher des Wassers. Bei allen Variationen, unterschiedlichen Vorkommen und verschiedenen Formen bleibt es immer $H_2O$, die chemische Zusammensetzung aus Wasserstoff und Sauerstoff, eben Wasser. Damit sind die Konstante, das Selbst und die Identität gegeben. Und sie ist relativ einfach und überschaubar durch das Zusammenwirken von zwei chemischen Elementen. Diese Einfachheit bedeutet jedoch nicht, dass auch die Entwicklung der Kraft und Energie des Wassers nach einem einfachen und überschaubaren Muster abläuft.

Wer einmal im Sturm auf hoher See war, wer sich einmal bei Flut in den tosenden Wellen befand, wer einmal das Aufprallen der Brandung an einer Felsküste beobachtete oder wer einmal die Kraft der Strömungen und Strudel eines Wildwassers oder gar der jüngsten Tsunamis erlebt hat, der weiß, welche Komplexität und unvorhersehbare Bewegung die Kraft und Energie des Wassers entfalten kann.

Die Veränderungen laufen nicht nach einem einfach zu berechnenden Schema ab, sondern sie entwickeln sich nach den Gesetzen der Chaostheorie, auf die wir schon eingegangen sind. Jeder kann deshalb auch relativ leicht erahnen, dass sich dahinter zwar eine irgendwie geartete Ordnung und ein Muster verbergen, dass wir aber dieses Muster nicht so leicht durchschauen können. Und genauso kann das gleiche Wasser, das sich gerade als tobendes Ungeheuer gebärdete, Ruhe und Gelassenheit ausstrahlen, wenn sich zum Beispiel der Himmel oder die untergehende Sonne auf der ruhigen Oberfläche spiegelt, wenn alle Wogen geglättet und kein Geräusch durch Bewegung oder Wellen ausgelöst wird, und wenn die ganze Kraft und Energie eines Ozeans zum Erliegen gekommen zu sein scheint.

Das, was sich in einem Unternehmen, um das Unternehmen herum, auf den Weltmärkten, im globalen Wettbewerb oder im Alltag des Managements vollzieht, ist durchaus mit dem komplexen Veränderungspotenzial des Elements Wasser zu vergleichen. Die Parallelen brauchen wir nicht im Einzelnen darzustellen. Sie als Leserin und Leser mögen das Bild selbst auf Ihre eigene Situation oder Ihr eigenes Unternehmen übertragen.

Ich bin sicher, dass viele die ungeheuren Möglichkeiten und Kräfte des Wassers im übertragenen Sinne durchaus in ihrem Unternehmen vorfinden werden, dass sie aber bei kritischer Betrachtung genauso die Entfaltung dieser Potenziale als das größte Manko empfinden werden und sich danach sehnen, alle vorhandenen Kräfte aus ihrem „Dornröschenschlaf" hervorholen zu können. Denn genau das wäre eine Antwort auf die aktuellen und künftigen Herausforderungen. Es wurde schon mehrfach in anderem Kontext darauf hingewiesen.

Nicht umsonst, wird aber auch manch einer einwenden, wird die Führung mit dem Kapitän eines Schiffes verglichen. Dies mag in gewisser Weise auch zutreffen. Aber das Bild des Kapitäns beruht meines Erachtens doch zu sehr auf der oben dargestellten linear-mechanistischen Betrachtungsweise, die sich im strukturverhafteten, konventionellen Management manifestiert: Dabei herrscht die Vorstellung, dass die richtige Struktur automatisch den Erfolg bringen wird.

Wir kennen alle den vielzitierten Ausspruch „structure follows strategy" und, je nach Sichtweise und Bedarf, seine Umkehrung. Ändern sich die Zeiten und Bedingungen, dann versucht man die vorhandenen Strukturen so zu ändern, dass sie den neuen Gegebenheiten (Strategien) entsprechen, das heißt: Der Kapitän hält Kurs oder bestimmt den Kurs neu.

Es geht dem Kapitän in erster Linie also darum, eine bestimmte Route vorauszuberechnen und festzulegen - die strategische Planung in vielen Unternehmen. Es geht ihm weiter darum, dass er seine Maschine, das

Schiff, beherrscht - das Funktionieren der Organisation, des Unternehmens und des Menschen als Maschine. Und es geht ihm drittens darum, mit den Passagieren unversehrt am geplanten Ziel anzukommen - das geplante Betriebsergebnis eines Unternehmens.

Natürlich wird erwartet, dass ein Kapitän beim Eintreten unvorhergesehener widriger Umstände weiß, wie er reagieren muss. Erinnert sei hier nochmals an die grandiose Leistung von Nadolnys Held John Franklin, als sein Schiff im Packeis festsaß und er Schiff und Mannschaft rettete. Aber beherrscht er (der Kapitän) deswegen schon das Element Wasser? Ist der Kapitän eines Schiffes deshalb schon fähig zur Selbsterneuerung? Oder vollzieht er primär nicht nur, was aufgrund seiner vorliegenden Planung (Route), seiner Werkzeuge (Schiff) und seiner Helfer (Mannschaft) strategisch vorbestimmt ist?

Das Hauptaugenmerk sollte deshalb primär nicht mehr auf die Strukturen und das System gerichtet werden, wie wir es bisher meistens tun. Wir sollten vielmehr erkennen, dass jedes Unternehmen nicht mit einer festen Struktur oder einer relativ überschaubaren Innen- und Außenwelt konfrontiert ist, sondern dass wie beim Wasser oder Chaos eine sich ständig ändernde Innen- und Außenwelt immer neue Abläufe und Prozesse auslöst, die wir stärker beachten müssen.

Es ist also nicht mehr die Struktur (Hierarchie), die Kontrollmechanismen zementiert. Sie ergeben sich aus der Eigenart und den Potenzialen der Beteiligten (Wasserstoff und Sauerstoff beim Wasser; Fähigkeiten, mentale Konstitution und Fitness bei den Mitarbeitern, Energien und Ressourcen).

So können wir auch beim Spielen auf dem Klavier keine schöne und vollkommene Melodie erhalten, wenn wir uns auf ein oder zwei Tasten beschränken (Führungsaufgaben im Unternehmen). Wir müssen uns schon aller Tasten, Kombinationen und Variationen bedienen, die zur Verfügung stehen, um eine wohlklingende Melodie zu erhalten. Genauso wird vom Management der Zukunft erwartet, dass es die gesamte Vielfalt und Variationsbreite der Tasten innovativer Führung und kommunikativer Kompetenz beherrscht. Das Gleiche gilt allerdings auch für die Mitarbeiter in ihrem jeweiligen Arbeitsbereich.

# Vom Überlebenskünstler Schmetterling lernen

Das Verständnis des hier entwickelten Konzepts der Selbsterneuerung greift denn auch weiter als viele der als Erfolgsrezepte angepriesenen Methoden und Ansätze. Bevor wir aber die Charakteristika der Selbsterneuerung im Einzelnen darstellen, wollen wir das Prinzip an einem weiteren Beispiel veranschaulichen, um es damit für jeden noch anschaulicher und greifbarer zu machen.

Nehmen wir als drittes Beispiel den Schmetterling. Der Schmetterling lebt, im Gegensatz zu den nur eine Variable maximierenden Dinosauriern, seit ungefähr 100 Millionen Jahren das Prinzip der Selbsterneuerung. Dank seiner einzigartigen und sehr erfolgreichen Adaptionsstrategien hat er sich in rund 160.000 Arten auf der ganzen Erde verbreiten können. Er hat nicht nur in den Millionen Jahren alle gravierenden Veränderungen auf der Erde gemeistert, er hat auch gelernt, in allen Klimazonen zu leben, in kalten und heißen Gebieten, in trockenen und feuchten Regionen oder bei Helligkeit und Dunkelheit. Dabei hat er ein Strukturprinzip entwickelt, bei dem Architekten und Ingenieure, aber auch unternehmerische Konstrukteure ins Schwärmen geraten könnten.

Dieses Strukturprinzip beruht auf einem Minimum an Material, mit dem aber sehr tragfähige und flexible Überlebensmöglichkeiten entstehen können. Gottlieb Guntern schreibt dazu: „Dieses Prinzip der Sparsamkeit in der Wahl der Mittel hat die Menschen zu allen Zeiten fasziniert, aber sie haben in ihren technischen Konstruktionen die raffinierte Ökonomie im Bau- und Funktionsplan der Schmetterlinge trotz aller Anstrengungen nie erreichen können." (Guntern 1992, S. 150)

Entdecken Sie zwischen diesen Zeilen nicht auch das ökonomische Prinzip, das eigentlich jedem Wirtschaften zugrunde liegen sollte? Nur scheint der Schmetterling unser ökonomisches Prinzip voll und ganz zur Anwendung gebracht zu haben.

Wie die Zusammensetzung des Wassers ist der Bauplan des Schmetterlings einfach. Aber der Schmetterling hat sich im Laufe der Evolution mit diesem einfachen Bauplan zu einer funktionellen Perfektion entwickelt: Es entstanden auf engstem Raum und mit minimalem Materialaufwand belastungsfähige Strukturen mit ästhetischem und elegantem Design und optimaler Adaptionsfähigkeit der Gesamtstruktur. Könnten so zum Beispiel nicht auch Unternehmen und Organisationen der Zukunft aussehen und aufgebaut sein?

Aber was hier im Zusammenhang mit dem Konzept der Selbsterneuerung noch mehr fasziniert, ist die Wandlung und Metamorphose des Schmetterlings in seiner Entwicklung vom Ei über die Raupe und Puppe zum ausgewachsenen Falter. Die Zwischenstation der Raupe ist vor allem dazu da, genügend Energiereserven für die Verpuppung und Umwandlung in die endgültige Form des Falters zur Verfügung zu stellen. Die Raupe ist deswegen mit für einen Vielfraß perfekten Werkzeugen ausgestattet.

Die Selbsterneuerung vollzieht sich aber am beeindruckendsten im nächsten Stadium, in der plumpen, unbeweglichen Puppe. Dort entsteht durch die Auflösung der vorhandenen Strukturen sozusagen Chaos, aus dem eine neue Ordnung, eine neue Gestalt aufgebaut werden kann. Die Substanz und das Material sind dieselben wie in der Puppe, sie waren in ihr bereits komplett vorhanden und damit vorgegeben. In der sogenannten Histolyse wird das gesamte Körpergewebe zu einer weißlichen Flüssigkeit aufgelöst. Sie produziert sozusagen das totale Chaos, um daraus eine neue Ordnung zu schaffen. Von einem winzigen Kristallisationspunkt ausgehend beginnt sich dann das ganze Tier, Zelle um Zelle, Gewebe um Gewebe, Organ um Organ neu aufzubauen. Das Endergebnis ist der fertige, prächtige Falter.

Hier soll nun nicht der Eindruck vermittelt werden, eine solche Selbstauflösung sei ohne Weiteres auf Unternehmen und Organisationen übertragbar. Betrachtet man aber unsere in vielen Bereichen herrschenden und bereits angesprochenen mentalen Strukturen, so rückt dieser Vergleich mit der Umwandlung des Schmetterlings schon sehr viel näher. Eine Mutation wird nicht nur vorstellbar, sondern vielleicht sogar wünschenswert oder dringend erforderlich für eine nachhaltige, verantwortungsbewusste und damit wirklich zukunftsweisende Entwicklung. Wir sprechen nicht zuletzt deshalb hier von Selbsterneuerung.

Eine solche Mutation kommt, so Gottlieb Guntern, dann zustande, wenn das genetische Programm (Erbgut) einer Spezies durch innere und/oder äußere Ursachen verändert wird. Die Mutationen, die wir in unserem Zusammenhang brauchen, müssen jedoch „nicht im genetischen, sondern im syngenetischen, das heißt durch Lernen erworbenen Programm erfolgen. Unser genetisches Make-up ist eine riesige Bibliothek, auf deren Regalen noch unzählige, nie gelesene Bücher stehen. Mit anderen Worten: Das Ressourcenpotenzial in unseren genetischen Programmen ist groß genug, es muss nur mobilisiert werden. Hingegen bedarf unser syngenetisches Programm einer radikalen, das heißt an die Wurzeln unserer traditionellen Operationsweise gehenden Neuprogrammierung." (Guntern 1992, S. 280)

Es gilt also nicht, in bester Dinosaurier-Manier in einen hektischen Aktionismus zu verfallen. Wir sollten uns vielmehr wie Nadolnys Held John Franklin in eine gelassene Beobachtungsposition versetzen, damit wir mit Ruhe und Konzentration aufnahmebereit die Schmetterlinge beobachten und von ihnen das Wesentliche lernen können.

## Typische Merkmale der Selbsterneuerung

Mit diesen drei Beispielen (menschlicher Organismus, Naturelement Wasser und Schmetterling) dürfte deutlich geworden sein, dass sich Unternehmen und vor allem das Management grundlegend verändern müssen, wenn nach dem Konzept der Selbsterneuerung das Überleben gesichert werden soll. Aber wie sieht ein solcher Prozess der Neugestaltung aus? In den vorangegangenen Kapiteln wurden bereits viele Ansätze aufgezeigt. Eine allgemeingültige und umfassende Antwort kann aber nicht gegeben werden, weil die Selbsterneuerung an vielen Punkten ansetzen und je nach Unternehmen und Umfeld ganz unterschiedliche Prozesse hervorbringen kann. Allerdings können wir die Basis für die Selbsterneuerung und einige typische Merkmale der Selbsterneuerung festhalten.

Zunächst zur Basis: Selbsterneuerung, wie wir sie hier verstehen, beruht ganz wesentlich auf drei unterschiedlichen Ebenen des Lernens: dem Anpassungslernen, dem Veränderungslernen und dem Prozesslernen.

Mit *Anpassungslernen* wird eine effektive Adaption an vorgegebene Ziele und Normen durch die Bewältigung der jeweiligen Umwelt bezeichnet. Eine Anpassung durch verändertes Verhalten findet statt, wenn neue Informationen Fehler im eigenen Handeln erkennen lassen und diese Fehler korrigiert werden. Im Sinne des organisationalen Lernens wird so eine Anpassungsleistung an problematische Umweltkonstellationen ermöglicht, die sich im Rahmen bestehender Werthaltungen und Interessenlagen befinden.

*Veränderungslernen* beruht auf der Tatsache, dass sich Organisationen nur durch Veränderungen bestehender Strukturen und der Modifikation des bestehenden Verhaltensrepertoires weiterentwickeln können. Veränderungslernen selbst bedeutet die Hinterfragung von organisationalen Normen und Werten sowie die Restrukturierung dieser in einem neuen Bezugsrahmen.

Schließlich greift *Prozesslernen* den zentralen Bestandteil des Lernprozesses überhaupt, die Verbesserung der Lernfähigkeit, auf, indem Lernen selbst zum Gegenstand des Lernens gemacht wird. Durch Erkennen der Muster, die in ähnlichen oder bereits erlebten Situationen Lernen ermöglicht haben, kann eine umfassende Restrukturierung der Verhaltensregeln und -normen ermöglicht werden. Prozesslernen ist deshalb die Einsicht über den Ablauf von Lernprozessen. Das Lernen zu lernen rückt in den Mittelpunkt.

Beim Prozesslernen geht es um die Reflexion, Analyse und Herstellung eines Sinnbezugs. Reflexion ist nach Probst/Büchel somit eine Form der Partizipation. Es wird Rücksicht auf die Überlebens- und Entwicklungsbedingungen der anderen in der eigenen Umwelt genommen. „Durch diese Fähigkeit der Reflexion, des Lernens zu lernen, können mögliche Konflikte antizipiert, in ihren Folgen bewertet und für interne Korrekturen ausgewertet werden. Damit besteht die Möglichkeit, nicht nur das eigene Umfeld zu optimieren, sondern den maximalen Nutzen innerhalb des Beziehungsgefüges von mehreren Akteuren zu erreichen." (Probst und Büchel 1994, S. 38)

In der Rücksicht auf die Überlebens- und Entwicklungsbedingungen steckt sowohl die bereits geforderte ganzheitliche Betrachtungsweise als auch das Miteinander und Zusammenwirken, dessen Ergebnis der realisierte Nutzen innerhalb eines Beziehungsgefüges von mehreren Akteuren ist. Aus diesen Ausführungen und Beispielen können wir nun zehn typische Merkmale des Selbsterneuerungskonzeptes ableiten:

1. Selbsterneuerung geht vom Individuum aus und überträgt sich auf ganze Organisationen. Sie bedeutet ständiges Lernen und Anpassen und vermittelt eine Lernfähigkeit verbunden mit einer qualitativen Reaktionsfähigkeit, die das Überleben einer Organisation sichert.

2. Selbsterneuerung schafft eine neue mentale Lern- und Erfahrenswelt – eine Arena der Möglichkeiten – vor dem Hintergrund, das gesamte verfügbare Energie- und Ressourcenpotenzial zu mobilisieren.

3. Selbsterneuerung verinnerlicht Veränderung als Wesensmerkmal. Veränderung und Wandel werden zur Normalität.

4. Selbsterneuerung begreift und gestaltet die Einwirkungen der Außenwelt und die innerbetrieblichen Verhältnisse als ein Netzwerk gegenseitiger Abhängigkeiten, Beeinflussungen und ganzheitlicher Wirkungszusammenhänge.

5. Selbsterneuerung nimmt Abschied von jeglicher Stagnation und Beharrung, die in Zukunft drastischer und schneller geahndet werden: durch die Veränderungen in der Außen- und Innenwelt, die von technischen Entwicklungen, den Turbulenzen auf den Märkten, den veränderten Kundenwünschen, aber auch den Bedürfnissen hochqualifizierter Mitarbeiter ausgehen.

6. Selbsterneuerung macht Schluss mit der in vielen Unternehmen gepflegten „Zoo-Kultur" mit fest vorgegebenen Fütterungszeiten, wo ein Zaun vor Gefahren schützt. Wer intern (im Zoo) versucht, Initiative zu entwickeln, um etwas zu ändern, wird bestraft. Sicherheit ist gepaart mit dem Zwang zur Passivität. Konsequenz daraus ist der weithin beklagte Verlust an Bereitschaft zur Eigenverantwortung, das heißt, sein Leben (beruflich und privat) verantwortungsbewusst in die eigene Hand zu nehmen. Unser hoher Zivilisationsgrad und die enorme soziale Absicherung haben oft zu einer mentalen Fata Morgana geführt, die uns vorgaukelt, dass für uns gesorgt sei.

7. Selbsterneuerung verfolgt das Ziel, Ressourcen, Kompetenzen, Erfolgspotenziale und Vielfalt so wirksam wie möglich werden zu lassen. Sie vermeidet damit Verschwendung und ineffizienten Einsatz
   der vorhandenen Ressourcen und Energien.

8. Selbsterneuerung beruht auf dem Miteinander, wie es uns die Natur
   vormacht, nämlich nicht nur den eigenen Nutzen zu maximieren in
   einem Nullsummen-Spiel, sondern den maximal möglichen Nutzen
   innerhalb eines Beziehungsgefüges und Netzwerkes mit mehreren
   Akteuren zu erreichen. Selbsterneuerung trägt somit wesentlich zu
   einer auf Nachhaltigkeit ausgerichteten Wirtschaftsweise bei.

9. Selbsterneuerung bedeutet, Qualitätsmanagement wird nicht auf die
   Produkte beschränkt oder im Sinne einer Null-Fehler-Qualität ange-
   strebt, sondern im Sinne von Qualität der Organisation, der Leistungsfähigkeit, des Energie- und Ressourceneinsatzes, der Qualifikation, der kommunikativen Kompetenz, des gegenseitigen Umgangs,
   der Innovationsfähigkeit, eines zukunftsorientierten Managements
   und schließlich Qualität der Unternehmenskultur.

10. Selbsterneuerung überwindet die bisherigen Leistungsgrenzen der
    eigenen Organisation. Sie stellt die Reaktionsfähigkeit eines Unter-
    nehmens auf die Vielfalt von Signalen, die an den Berührungspunk-
    ten zur Außenwelt ankommen, in den Mittelpunkt. Selbsterneuerung
    entwickelt diese Reaktionsfähigkeit weiter und macht sie so zur zu-
    kunftstauglichen Kompetenz.

Die Leistungsfähigkeit von Unternehmen wird deshalb in Zukunft daran
gemessen, wie sie auf Signale des externen Wandels und der Veränderungen von außen reagieren. Den Weg dazu zeigt uns die Selbsterneuerung.

# 7 Prozesse zur Selbsterneuerung

*„Gemeinsam getragene Ziele und Werte*
*sind ein stabileres Fundament*
*für Wirtschaftlichkeit und Zukunftsfähigkeit*
*eines Unternehmens als alle Richtlinien der Welt."*

*Jürgen Fuchs*

Nachdem wir die Bedeutung der Kommunikation im Vergleich zur reinen Information erarbeitet haben, nachdem wir die typischen Denkhaltungen und ihre Wurzeln für das europäische Abendland und die asiatische Kultur gegenübergestellt und nachdem wir die Notwendigkeit erkannt haben, von der noch weit verbreiteten auf Reparatur ausgerichteten Kultur wegzukommen zu einem auf Selbsterneuerung und Verantwortung basierenden Organisations-, Führungs- und Managementverständnis, widmen wir uns jetzt folgenden Fragen, die eine Selbsterneuerung in den Mittelpunkt stellen:

- Warum kommt es nicht viel öfter und kontinuierlicher in Unternehmen und Organisationen zu der hier propagierten Selbsterneuerung?

- Warum haben Führung und Management nicht schon längst ein solches Konzept der Selbsterneuerung für sich entdeckt und umgesetzt?

- Warum sind Führungskräfte scheinbar zu einer Selbsterneuerung ihrer Unternehmen und Organisationen (noch) nicht oder nur sehr bedingt fähig?

Eine Antwort mag folgende Feststellung andeuten: Wer andere führen will, muss zuerst sich selbst führen können. Aber dieses „Sich-selbst-führen-Können" wird nur in den wenigsten Fällen hinterfragt. Hinzu kommt, dass noch keine ausreichend anwendbaren oder einheitlichen Maßstäbe und Kriterien für eine Überprüfung existieren. Vielfach wird dieses „Sich-selbst-führen-Können" auch mit Zeitplanung und Zeitmanagement verwechselt. Das Angebot an Methoden und Techniken für ein effizientes Zeitmanagement und die Auswahl und Vielfalt an Zeitplaninstrumenten ist denn auch unüberschaubar.

Aus Zeitplanungssystemen sind ganze Schulen und Trainings zur optimalen Planung der Zeit entstanden. Viele Manager haben sich solche Planungssysteme angeeignet. Doch zum Erlernen des „Sich-selbst-führen-Könnens" tragen sie nur bedingt bei, weil es tiefer geht, als Planungssysteme es überhaupt vermögen.

In erster Linie hat dieses „Sich-selbst-führen-Können" mit Miteinander von Menschen zu tun, mit Sinnstiftung und Lebensführung, aber auch mit ganzheitlicher Gestaltung der Arbeit und des Arbeitslebens. Nicht dem Zeit-Management als solchem, sondern dem Management der Zeit insgesamt gehört deshalb die Zukunft. Das bedeutet konkret: Weg von einseitiger Zuordnung - hin zu kreativer Koordinierung widersprüchlicher Optionen und Forderungen zwischen Funktion und Person genauso wie zwischen Beruf und privat. Eine vernünftige Zeitplanung kann hier durchaus als ein sinnvolles Instrumentarium angesehen werden, welches aber nicht um seiner selbst willen eingesetzt und perfektioniert wird, sondern als ein Hilfsmittel für die unterschiedlichsten und sich ständig und schnell ändernden Situationen.

Dass die Selbsterneuerung aber in Unternehmen noch vielfach ein Fremdwort ist, liegt auch an der Tatsache, dass wir in erster Linie zu Bewahrung tendieren und Veränderung zunächst einmal scheuen. Um eine Selbsterneuerung zu ermöglichen, müssen wir deshalb unser gesamtes Wissens- und Verhaltensreservoir in seiner Struktur hinterfragen und uns unser Wahrnehmungs- und Handlungsmuster bewusstmachen. Das heißt, wir müssen, wie schon herausgestellt wurde, alte Strukturen und Denkweisen zugunsten von neuen, den aktuellen Erfordernissen angepassten Denkweisen aus unserem Repertoire streichen. Genau dafür steht das Prinzip der Selbsterneuerung, genau dies will das Miteinander will die neue Kultur der Umgangsqualität signalisieren.

Alte Strukturen und Verhaltensweisen zu streichen und neue Fähigkeiten zu erlernen und anzuwenden, ist nur über den bereits erwähnten Prozess des Entlernens und Neulernens zu erreichen. Diesem Prozess steht jedoch der Erfolg als größte Hürde und Hindernis im Wege. Denn der jeweilige Erfolg fördert und zementiert geradezu bestehende und eingefahrene Verhaltensmuster.

Aus vielen wissenschaftlichen Untersuchungen wissen wir, dass der Mensch immer dazu neigt, negative Erfahrungen zu verdrängen und positive zu perpetuieren. So erscheint uns die Vergangenheit nach einer gewissen Zeit meistens in einem „rosaroten" Licht. Wir kennen alle den Spruch: „Wie schön doch die früheren Jahre waren." Und wer ist nicht schon einmal ins Schwärmen geraten beim Erzählen aus vergangenen Jahren, bei der Rückschau auf ein ehemaliges Betätigungsfeld oder frühere Ereignisse. Dieses Verhalten entspringt auch einem Instinkt zum Überleben, der uns gerade bei schweren Schicksalsschlägen, bei Trennung oder Verlust eines Partners hilft, wieder ein „normales" Leben führen zu können. Dieses Verhalten ist zunächst also natürlich und durchaus sinnvoll.

Wie aber sage ich - um mit Hoimar von Ditfurth zu sprechen - der Bakterienkultur, dass ihre nächste, auf dem bisher so erfolgreichen Weg liegende und deshalb selbstverständliche, gar unumgängliche Population die letzte sein wird, weil mit ihr die gesamte Lebensgrundlage zerstört wird (der Organismus des befallenen Menschen tot sein wird)? Oder wie erkläre ich den Betroffenen das Problem von zu viel Planung, Ordnung und Zuständigkeit, wenn genau darauf die Erfolge der Vergangenheit und Gegenwart beruhen, auf die man doch so stolz ist?

So haben wir - jeder für sich - nach jahrelanger guter Entwicklung und zunehmendem Wohlstand in den zurückliegenden 60 Jahren ein Sicherheitsgefühl entwickelt und die (falsche) Gewissheit, dass die Fortsetzung vergangenen Handelns ein Garant für eine erfolgreiche Zukunft sein wird. Ja, wir erliegen sogar der Versuchung, bei den ersten Anzeichen einer konjunkturellen Erholung bereits die Wiederholung der wirtschaftlichen Entwicklung eines ununterbrochenen wie bisher gewohnten (oft einseitig ausgerichteten) Wachstums zu sehen. In dieser Sichtweise sind auch unzählige ungelöste politische Aufgaben in unserem Sozialsystem begründet. Deshalb liegt es auf der Hand, den Gedanken der Selbsterneuerung auch auf eine Gesellschaft als Ganzes und eine Volkswirtschaft zu übertragen.

Selbsterneuerung heißt aber nicht, dass wir einfach alles ohne Überlegung über Bord werfen sollten und können. Es heißt, wie der Schmetterling im Puppenstadium uns lehrt, aus dem Vorhandenen in einer der

veränderten Situation angepassten Konstellation ganz Neues und andere Strukturen oder Abläufe zu schaffen. Stolz auf das Erreichte halten
viele eine Änderung nicht für notwendig und gehen unbeirrt auf dem so
vermeintlich erfolgreichen Weg der Vergangenheit weiter.

## Veränderungsprozesse auf dem Weg zur Selbsterneuerung

Auf dem Weg zur Selbsterneuerung müssen wir deshalb Veränderungsprozesse anpacken. Der Wertewandel in der Gesellschaft macht nicht vor
den Toren der Unternehmen, vor modernen Bürotürmen oder Bereichen
und Abteilungen Halt. Die Mitarbeiter tragen ihn in jedes Unternehmen
hinein. So stellen wir fest, dass in den vergangenen 20 Jahren das lange
gepflegte Pflichtbewusstsein ersetzt wurde durch ein Seinbewusstsein,
die Selbstbeschränkung durch Selbstentfaltung, das frühere Gruppen-
streben (Großfamilie) durch Individualstreben (Single) und das Besitz-
denken durch Erlebnisdenken. Dies hat zwangsläufig Auswirkungen in
den Unternehmen und verändert die Basis für die Zusammenarbeit.
Deshalb müssen wir in den Unternehmen endlich den Schritt machen

- von der tayloristischen Arbeitsteilung zur Prozessorientierung, um
  dem Streben nach Verantwortung und Sinn gerecht zu werden,

- von der Struktur- und Hierarchieorientierung zur Mitarbeiter- und
  Kompetenzorientierung, um die notwendigen Freiräume zu schaffen,
  Offenheit zu erreichen und eine kooperative Mitwirkung im Mitei-
  nander zu ermöglichen,

- von der Produkt- zur Kundenorientierung, um den Kunden als Partner
  ernsthaft einzubeziehen in die strategischen Überlegungen und ihm
  wirklich gerecht werden zu können und ein Miteinander aufzubauen.

Schließlich müssen wir uns von der noch favorisierten Konsum- zur
Seins- und Sinnorientierung bewegen, um eine verantwortliche Gestaltung unserer Zukunft zu erreichen. So kehren sich zum Beispiel auch
Produktionsstrukturen, die bisher für Verkäufermärkte erfolgreich gewesen sind, bei den noch stärker zunehmenden Käufermärkten ins Ge-

genteil um. Die verschiedenen Ebenen der dargestellten Veränderungsprozesse machen aber auch deutlich, dass dieser Prozess alle Bereiche,
Unternehmen, Organisationen und die gesellschaftlichen Orientierungen umfassen wird.

Für die Selbsterneuerung ist weiterhin eine gepflegte Dialogkultur
unabdingbar, die das vorhandene Interaktionsnetz innerhalb eines Unternehmens aufdeckt und die Interdependenzen einzelner Handlungen
sichtbar macht. Kommunikation statt Information und Selbsterneuerung statt Reparatur, Offenheit statt Abschottung, Miteinander statt
Gegeneinander lautet deshalb die Forderung.

Ein Signal in diese Richtung ging auch einmal vom japanischen Au-
tomobilhersteller Nissan aus. Das Grundverständnis bei Nissan lautete,
dass moderne Unternehmensführung einer anderen Dramaturgie folgen
muss als zum Beispiel klassisches Theater. In dem Unternehmens-
Portrait von Nissan in den 90er Jahren wurde denn auch der neue Denk-
prozess in Richtung einer Optimierung der internen Abläufe und Kommunikation als eine lebendige Unternehmenskultur gesehen, die mit
allgemeingültigen Regeln für das betriebliche Miteinander erreicht werden sollte. Diese Regeln waren in der Ich-Form als individuelle Bekennt-
nisse formuliert, um den Identifikationsgrad jedes Einzelnen mit den
gemeinsam erarbeiteten Zielen zu erhöhen.

Deshalb wollen wir die Nissan-Regeln hier auch als Beispiel für einen
Schritt auf dem Weg zur Selbsterneuerung durch Miteinander festhalten:

- Ich bin offen und ehrlich.

- Ich achte den Anderen und begegne ihm mit Freundlichkeit.

- Ich begegne dem Anderen mit Toleranz und Verständnis.

- Ich vertrete meine Meinung und bin offen für Kritik.

- Ich bin eigeninitiativ und verantwortungsbewusst.

- Ich sorge für eine vertrauensvolle Atmosphäre.

- Ich motiviere und erkenne Leistung an.

- Ich arbeite teamorientiert und bringe meine Ideen ein.
- Ich informiere gezielt und rechtzeitig.
- Ich setze Zeichen durch eigenes Vorbild.

Mit diesen Regeln sollten die notwendigen Entwicklungsschritte des Unternehmens zu einer lebendigen Unternehmenskultur in einem Miteinander aller angegangen werden.

Um es jedoch nicht bei einigen Beispielen zu belassen, soll festgehalten werden, warum wir überhaupt ein Konzept der Selbsterneuerung brauchen, wo es Ansatzpunkte im Unternehmen gibt, was wir auf keinen Fall tun sollten und wie wir beginnen können.

## Warum wir eine Selbsterneuerung brauchen

Unternehmen müssen sich auf die Suche nach Überwindung zu hoher Kosten und zu starrer Strukturen bisheriger Erfolgsrezepte begeben. Daraus entsteht der Zwang zum Lernen und Umdenken, der Zwang zu Veränderung und Wandel. Dies aber ist ein Phänomen, das wir überall in der Natur finden. Beispielhaft dafür steht der Schmetterling. Lernen in Unternehmen und Management bedeutet, ein neues Verständnis für ein Miteinander zu entwickeln.

Entscheidende Voraussetzung dafür ist, wie gezeigt wurde, Kommunikation im Sinne einer auf Konsens basierenden Verständigung über die Ziele, die Gegebenheiten und das daraus folgende Handeln. Motor für den Wandel sind dabei konstruktiv und gemeinsam gelöste Konflikte, die eine Dialogfähigkeit voraussetzen.

Es geht also nicht darum, dass wir zunächst bessere Menschen brauchen, wir brauchen nur natürliche, normale Menschen, wie es sie in jedem Unternehmen gibt. Durch unsere Erziehung, durch das Bildungssystem, durch unsere vielen, oft leidvollen Erfahrungen, durch die Rollen, die wir im Leben spielen müssen, haben wir uns von diesem natürlichen Zustand entfernt. Auch diesen Ballast sollten wir abwerfen. Und dies beginnt in unseren Köpfen. Bei der Neugestaltung und der ständigen

Verbesserung des Unternehmens ist es, dem natürlichen Bedürfnis des Menschen folgend, notwendig, dass die Beteiligten von Anfang an integriert sind. Da das Wissen nie in nur einem Kopf versammelt ist, brauchen wir alle Köpfe.

Die Leistungsfähigkeit eines Unternehmens wird in Zukunft daran gemessen werden, wie es auf Signale von außen und Signale des externen und internen Wandels reagieren kann. Die gängige Organisationsform mit ihrem Streben nach reibungsfreiem Funktionieren, die bis heute immer noch weit verbreitet ist, kann dies kaum leisten. Unser bisheriges Repertoire an Führungsinstrumenten und etablierten Führungssystemen gibt für die Selbsterneuerung und für die Erneuerungsfähigkeit von Unternehmen zu wenig her.

Die Kompetenz, Fähigkeiten und der Energie-und Ressourcenreichtum des Mitarbeiterpotenzials bleiben – wie wir gesehen haben – weitgehend ungenutzt. Nur das Lernen von Zusammenarbeit, das Lernen von Miteinander, das Lernen von Mitstreiten, das Zusammenwirken und die Einstimmung aufeinander können den Motor des Wandels durch konstruktive Auseinandersetzung in Gang setzen. Das Ergebnis, aber auch der Weg und das Erfolgskonzept dorthin heißt: Selbsterneuerung.

Wir haben gezeigt, dass Selbsterneuerung mehr ist als eine Genesungsstrategie für Krankheit oder schwierige Zeiten. Wir haben gezeigt, dass Selbsterneuerung weit über die vielfach herrschende Reparaturmentalität hinausgeht. Denn das Ziel einer Kultur der Selbsterneuerung ist es, die Wahrnehmungsfähigkeit für Veränderungen zu stärken und daraufhin die Ressourcenvielfalt, Kompetenzen und Erfolgspotenziale so wirksam wie möglich werden zu lassen (Energie- und Ressourcenproduktivität). Dabei wird nicht, wie der Schmetterling im Gegensatz zu den Dinosauriern zeigt, die Maximierung einer Variablen verfolgt. Stattdessen werden die Einwirkungen der Außenwelt mit den innerbetrieblichen Verhältnissen als ein Netzwerk und Beziehungsgeflecht gegenseitiger Abhängigkeiten und ganzheitlicher Wirkungszusammenhänge gesehen, mit denen über Interaktion und Kommunikation die qualitative Reaktionsfähigkeit und damit das Überleben eines Unternehmens gesichert werden kann.

Wenn man aber seine Bemühungen auf nur ein einzelnes Element oder Symptom richtet, wie intelligent man das auch immer anpacken mag, so führt dieses Verhalten in jedem komplexen System - Unternehmen und Organisationen sind solche komplexen Systeme - im Allgemeinen zu einer Verschlechterung des Systems als Ganzem. Und wie wir bereits festgestellt haben, mussten wir in den vergangenen Jahren bereits öfter schmerzhaft erfahren, dass eine reduzierte und eingeschränkte Wahrnehmung der Wirklichkeit - die wir als Folge unseres logisch-rationalen Denkens entlarvt haben - dass diese Einschränkung von der Entwicklung bestraft oder zumindest nicht mehr belohnt wird.

## Das Miteinander wagen

Selbsterneuerung beruht, wie wir gesehen haben, auf dem Miteinander von Personen, von Systemen, von Organisationen, von Unternehmen, von Gesellschaften, von Wirtschaften. Ziel ist es, einen Nutzen für alle innerhalb eines Beziehungsgefüges von mehreren Akteuren zu erreichen. Solche Beziehungsgefüge bestärken das Individuum. Menschen in Netzwerken neigen eher dazu, sich um einander zu kümmern, also ein Miteinander zu leben.

Das Konzept der Selbsterneuerung kann deshalb als Tetraeder des Miteinander und Zusammenwirkens aufgefasst und veranschaulicht werden, wie in der Abbildung auf Seite 151 dargestellt wird. Die vier Eckpunkte des Tetraeders stehen für die oft als „magische Punkte" bezeichneten Dimensionen Mensch/Mitarbeiter, Strategie/Management, Struktur/Kultur und Markt/Kunde.

Das Tetraeder symbolisiert nicht nur ein Unternehmen, sondern durch die gleichseitigen Dreiecke und Verbindungen der Eckpunkte auch das Interaktionsgefüge, in dem die vier Dimensionen stehen. Dabei stellen die Dreiecke der Außenflächen die vielen Berührungspunkte des Unternehmens mit seinem Umfeld dar. Sie sollen das Unternehmen nicht von diesem Umfeld abschotten. Wie durchlässige Membranen nehmen sie alle Signale von außen auf und speisen diese in das innere Wirkungsgefüge. Diese Signale werden dort in das Denk- und Verhaltensmuster aufgenommen.

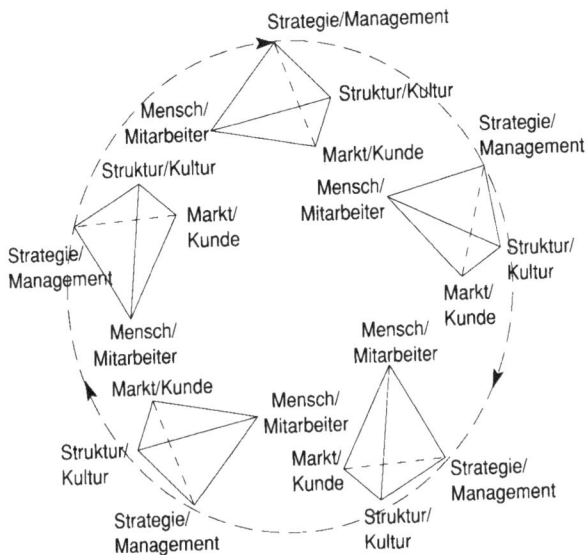

Die Form des Tetraeders habe ich auch deshalb gewählt, weil durch die Gleichseitigkeit der Außendreiecke und ihre gleiche Größe keine hierarchieähnliche Rangordnung assoziiert werden kann. Das Konzept der Selbsterneuerung steht auch nicht auf einer unverrückbaren Grundfläche, sondern passt sich flexibel den äußeren Gegebenheiten und Anforderungen an. Ähnlich den ständigen Bewegungen und Veränderungen des Wassers verändert das Tetraeder des Miteinander ständig seine Position und Lage, das heißt, die Spitze wird je nach Bedarf immer von einer anderen der vier Dimensionen gebildet.

Die Veränderungen der äußeren Gegebenheiten führen also dazu, dass im Unternehmen je nach Situation eine der vier Dimensionen im Vordergrund steht (die Spitze des Tetraeders bildet) und die anderen die Basis bilden. Unter dem Stichwort *Mitarbeiterorientierung* werden die Menschen, die im Unternehmen arbeiten, als gleichberechtigte Partner angesehen und ihr Wissen, Können und ihre Fähigkeit mit Kreativität und Engagement von beiden Seiten (oben und unten) auf die Zielsetzungen des Unternehmens gelenkt. Dabei wird anerkannt, dass die Mitarbeiter als Menschen auch eigene Ziele haben und ein eigenes Leben führen. Beruf und Privatleben werden so als zwei Seiten einer Person betrachtet, die sich auch im Sinne des Miteinander ergänzen. Wirtschaftlichkeit und Menschlichkeit sind so gesehen wie die beiden Seiten einer Münze. In dieser künftigen Kreativitätsökonomie sind die beiden keine Gegensätze, sondern gleichgerichtete Kräfte.

Unter dem Stichwort *Kunden- und Marktorientierung* sollen die Kunden in einen stärkeren Austausch mit dem Unternehmen treten und dadurch langfristige Bindungen an das jeweilige Unternehmen eingehen. Die Dimension *Struktur/Kultur* steht nicht für ein fest gefügtes System, sondern für ständige Anpassungsfähigkeit und -bereitschaft. Das Ziel einer Kulturorientierung ist es, eine Veränderungskultur auf dem Prinzip des Miteinander zu etablieren.

Das Tetraeder veranschaulicht, dass nicht nur die Spitze ständig wechseln kann und nur für eine vorübergehende Zeit im Mittelpunkt steht, sondern auch, dass jede Spitze nur im interaktiven Miteinander erfolgreich sein kann. Auch dies stellt sicher, dass sich eine Hierarchie oder feste Struktur im herkömmlichen Sinne nicht bilden und erst recht nicht zementieren kann, auch wenn dies zunächst durch die Form des Dreiecks signalisiert werden könnte.

Das Modell des Tetraeders steht für die neue Unternehmenswirklichkeit und eine neue Unternehmenskultur, die sich durch die flexible Anpassung an die jeweiligen Erfordernisse und den permanenten Wechsel der Dimensionen an der Spitze in einem ständigen Kreislauf befindet. Es erfüllt auch die Bedingung nach einer Konstanten. Beim Wasser ist es die Einfachheit der Struktur in der chemischen Zusammensetzung aus Wasserstoff und Sauerstoff sowie das fortwährende Zusammenwirken der Wasserteilchen. Beim Schmetterling ist es die Fähigkeit, aus dem gleichen Material ganz unterschiedliche Gebilde und Lebensformen hervorzubringen. Für Unternehmen sind es die vier Dimensionen – *Mensch/Mitarbeiter, Strategie/Management, Struktur/Kultur* und *Markt/ Kunde* – sowie die Wahrnehmungs- und Handlungsfähigkeit im ständigen Miteinander und Zusammenwirken in allen Richtungen und mit allen Beteiligten.

Auf die Unternehmensrealität übertragen zeigt das Tetraeder des Miteinander, dass es nicht, wie bisher meistens üblich, eine unverrückbare und immer gültige Konstellation geben kann. Je nach Aufgabe, Erfordernis und Situation stehen die magischen Punkte (Dimensionen) in einem jeweils anderen Verhältnis. Das innere Wirkungsgefüge passt sich auch im Unternehmensalltag flexibel an, wenn Unternehmen im Sinne der Selbsterneuerung die äußeren und inneren Signale aufnehmen und ihr Verhalten danach ausrichten.

Als Beispiel soll hier der Umgang mit Reklamationen, Beschwerden oder Kritik herangezogen werden. Wenn Reklamationen wirklich ernst genommen werden, entpuppen sie sich als eine unerschöpfliche Quelle für Verbesserungen, Wissen über den Kunden und Möglichkeiten zur Anpassung. Werden aber Beschwerden oder Bedürfnisse der Kunden als lästig und störend abgetan, so wird die Chance vertan, die Botschaften aus diesen Signalen von außen in konkrete Veränderungen umzusetzen. Nur, dazu muss aber auch eine gewisse Offenheit, wie sie schon mehrfach angesprochen wurde, vorhanden sein und gepflegt werden.

Die Konstanten für ein Unternehmen, das nach dem Konzept der Selbsterneuerung durch Miteinander agiert, sind deshalb ganz anderer Art als bisher. Sie heißen Kompetenz, Wissen und Können, Führungsfähigkeit, eigene Flexibilität und deren wirkungsvollster Einsatz in einem sich ständig ändernden Umfeld. Die Flexibilität wird dadurch sichergestellt, dass die Signale von außen nicht nur wahrgenommen, sondern auch in das Denken und Handeln integriert werden. Die Kompetenz, das Wissen und Können sowie die Fähigkeiten bilden das Energie- und Ressourcenpotenzial.

## Wo wir im Unternehmen ansetzen können

Wir haben viele Ursachen und Entwicklungen aufgezeigt, warum Unternehmen und Führung sich dem veränderten und komplexer gewordenen Umfeld anpassen müssen. In diesem neuen Umfeld mit immer kürzeren Produktlebenszyklen und immer globaler werdenden Logistik- und Ressourcenstrukturen werden nicht mehr wie bisher die Produkte oder

Technologien die Marktstellung sichern. Diese wird entschieden durch bessere Führungs- und Unternehmenskulturen sowie durch bessere Führung insgesamt. Das bedeutet letztlich durch die Qualität der Unter-' nehmenskultur und die Qualität des Führungssystems. Wir haben gesehen, dass die einzig sichere Größe der Wandel an sich ist, und zwar Wandel auf allen Ebenen und in allen Bereichen. Wir haben gesehen, dass bisherige Führungsinstrumente für die neuen Herausforderungen nur schlecht geeignet sind und dass zukünftige Erfolge auf anderen Grundlagen aufbauen werden.

Wir haben festgestellt, dass uns das linear-analytische, logischrationale Denkmuster nicht mehr weiterbringt, weil es für komplexe Aufgaben ungeeignet ist. Wir haben herausgefunden, dass gegenwärtig – bedingt durch die herrschenden Organisationsstrukturen – viele Potenziale ungenutzt bleiben, der Ressourcenreichtum im Unternehmen nicht richtig erkannt und nicht richtig eingesetzt wird (Energie- und Ressourcenproduktivität). Dadurch kann dieser Reichtum auch nicht voll ausgeschöpft werden. Warum unterscheidet sich zum Beispiel die Vorstellung von Qualität so gravierend, je nachdem ob diese im Unternehmen oder im privaten Bereich verlangt wird?

Wir haben gezeigt, dass die meisten Menschen schlecht auf Wandel vorbereitet sind. Und wir haben festgestellt, dass es vor allem mentale Barrieren sind, die uns im Wege stehen. Parallel zu den drei Fragekomplexen zu Beginn des Buches – die Frage nach dem Klima und der Kultur im Unternehmen, um die Ressource Mensch voll zur Entfaltung zu bringen; die Frage nach der Funktions- und Reparaturmentalität, die zum tayloristischen Dirigismus führt; die Frage nach tragfähigen Visionen, die die brachliegenden Reserven mobilisieren – können wir deshalb drei Barrieren ausmachen, die es zu überwinden gilt.

Die *erste Barriere*, die wir aufgezeigt haben, könnte als *Barriere eines einseitigen Menschenbildes* bezeichnet werden, die den Menschen noch zu sehr als funktionierendes Wesen betrachtet und diese Betrachtungsweise auf ganze Organisationen und Unternehmen überträgt. Sie verhindert die Entfaltung der Leistungsfähigkeit bei den Mitarbeitern und die Entwicklung zu selbstverantwortlichen und selbstmotivierten Mitstreitern. Sie verhindert damit, dass wir die Vielfalt nutzen können.

Die *zweite Barriere* könnte an dem *Glauben an die von den Naturwissenschaften vorgegebene Eindeutigkeit*, Linearität und an dem aus unserer Tradition entstandenen Ursache-Wirkung-Denkmuster festgemacht werden. Aber das notwendige Miteinander, die zwischenmenschliche Kommunikation und jegliche Art von Zusammenwirken funktionieren nicht nach diesem dualistischen, auf Polaritäten beruhenden Denken. Keines der fundamentalen Menschheitsprobleme konnten wir bisher mit diesem Glauben lösen, trotz aller unbestrittenen Erfolge der Naturwissenschaft und Technik in den letzten 200 Jahren.

Die *dritte mentale Barriere* resultiert schließlich aus dem immer noch unbeirrten *Glauben an die Machbarkeit*. Heute gilt aber, dass Organisationen, Unternehmen, Mitarbeiter, Partner und Märkte verstanden werden müssen. Sie sind nicht im Sinne der Machbarkeit beherrschbar. Ein Sich-Zurücknehmen als Beobachter, Impulsgeber, Mentor, Coach, Dirigent und Initiator – gerade im Management – ließe viele der aufgezeigten Probleme erst gar nicht entstehen.

Der in Deutschland geborene amerikanische Soziologe Amitai Etzioni hat dies auf den Punkt gebracht: „Erkennt man einmal die beschränkten Fähigkeiten des Menschen zu wissen und die Schlüsselrolle des Affekts und der Werte an und akzeptiert sie in letzter Konsequenz, verändert sich die Sichtweise der Welt entscheidend, besonders die des Entscheidungsprozesses. Statt sich hyperaktiv darauf zu konzentrieren, Ziele zu definieren, die ‚effizientesten Mittel' einzusetzen und zu implementieren – was voraussetzen würde, dass wir gottähnliche Kreaturen sind und die Welt (inklusive) unserer Mitmenschen formbar ist – wird man bescheiden. Meistens fehlt uns das Wissen, um gute Entscheidungen treffen zu können. Daher müssen wir vorsichtig vorgehen, jederzeit bereit, den Kurs zu ändern, jederzeit gewillt zu experimentieren; kurz, in Bescheidenheit." (Etzioni 1994, S. 435)

Wir haben schließlich auch festgestellt, dass es andere Denktraditionen gibt, die in vielen Punkten besser gerüstet zu sein scheinen für die Dramaturgie des Wandels und die komplexeren Herausforderungen, weil sie nicht so sehr in Gegensätzen denken und mehr das Streben nach Harmonie betonen. Als möglichen Ausweg aus dem Dilemma haben wir einen Weg gefunden, der auf dem Grundgedanken des Miteinander und dem Konzept der Selbsterneuerung beruht. Dass jedes Unternehmen davon direkt betroffen ist, soll im Folgenden nochmals verdeutlicht werden, um gleichzeitig auch Ansätze zum Handeln aufzuzeigen.

## Systeme verstehen lernen

Jedes wirtschaftliche System – und damit jedes Unternehmen und jede Organisation – durchläuft in der Regel vier getrennte Entwicklungsstadien: Geburt (Gründung, Entstehung), Wachstum (Konstituierung und Entwicklung), Selbsterneuerung oder – wenn zur Selbsterneuerung unfähig – Untergang.

So kann jedes wirtschaftliche System als ein geschäftliches Ökosystem verstanden werden, in dem sich überall ein Prozess der Co-Evolution herauskristallisiert: die komplizierte Wechselwirkung zwischen geschäftlichen Konkurrenz- und Kooperationsstrategien. In einem solchen System entwickeln die zugehörigen Unternehmen miteinander Fähigkeiten, die mit einer bestimmten Innovation zu tun haben. Sie arbeiten kooperativ und kompetitiv, um neue Lösungen zu fördern, Kundenbedürfnisse aufzugreifen und letztlich die nächste Innovationsrunde anzupacken.

Tatsächlich ist es der Wettbewerb zwischen solchen Systemen und nicht der zwischen einzelnen Unternehmen, der heute den eigentlichen Wandel ausmacht. Deshalb sollten Manager das Aufkommen neuer Systeme nicht ignorieren. Führungskräfte müssen die Stadien verstehen, die alle geschäftlichen Systeme durchlaufen. Sie müssen lernen, diese Veränderungen zu steuern. Genau dazu bietet sich das hier entwickelte Konzept der Selbsterneuerung an, denn für den langfristigen und nachhaltigen Erfolg eines Systems ist die Fähigkeit zu dieser Selbsterneuerung entscheidend.

Die größte Gefahr, das ist aus den bisherigen Ausführungen klar geworden, ist die Gefahr der Überalterung und Verkrustung eines Systems, einer Gesellschaft, einer Organisation oder eines Unternehmens. Um das Konzept der Selbsterneuerung greifbarer zu machen, sei hier darauf hingewiesen, dass die oben aufgezeigten Stadien in der betrieblichen

Praxis in Kontur und Herausforderungen durchaus nebeneinander existieren können, dass sie sich verschieben und überlappen können.

Entscheidend bei der Selbsterneuerung ist es aber, einen kontinuierlichen Innovations- und Erneuerungsprozess in allen Bereichen in Gang zu setzen, um so die Fähigkeit für diese Erneuerung zu entwickeln. Der Vollständigkeit halber sei hier auch erwähnt, dass eine Unternehmensgemeinschaft ebenso untergehen kann wie eine natürliche Lebensgemeinschaft, wenn es zu plötzlichen Änderungen der Umweltbedingungen und -faktoren kommt oder eine Fehlentwicklung nicht wahrgenommen wurde.

Es sei aber auch darauf hingewiesen, dass es wenig Sinn hat, ein bereits gescheitertes System künstlich am Leben oder über Wasser zu halten, etwa mit ständigen und riesigen Subventionszahlungen. Viele Beispiele aus der jüngsten Vergangenheit haben dies klar bestätigt. Hier ist vielmehr die Wirtschafts- und Gesellschaftspolitik gefordert, Wege zu finden, den Mitgliedern solcher untergehenden Systeme einen Platz in einem anderen lebensfähigen System zu verschaffen. Das Konzept der Selbsterneuerung könnte - rechtzeitig eingesetzt und gelebt - solche Fälle und die schlimmsten Verwerfungen vermeiden helfen.

Dass die meisten Veränderungen und derzeitigen Herausforderungen aber nicht solcher Natur sind, wurde aus dem bisher Gesagten deutlich. Und damit wir die Antworten auf die notwendigen Verhaltensweisen besser finden und zur Handlungsgrundlage machen können, sei im Folgenden aufgezeigt, was wir im Sinne des Konzepts der Selbsterneuerung und des Miteinander auf keinen Fall tun sollten. Anschließend soll eine Gesamteinordnung der Selbsterneuerung in ein Erfolgsmanagement künftiger Unternehmen versucht werden.

## Selbsterneuerung und Erfolgsmanagement

Die „erfolgreichen" Managementkonzepte, die in wirtschaftlich schwierigen Zeiten überall gehandelt werden, sind solche, die sich mit akuten Fragen des Wettbewerbs und aktuellen Lösungsmöglichkeiten beschäftigen. Die Stichworte dazu heißen Reduzierung der Kosten, Vereinfachung und Beschleunigung der Produktion und Prozesse, „lean" auf allen Gebieten und in allen Formen. Gefragt sind Personen, die die Umsetzung dieser Ansprüche versprechen und als Garanten für das Wiedererstarken im Wettbewerb gehandelt werden.

Zu Beginn des 5. Kapitels habe ich aber schon darauf hingewiesen, dass Kostensenkung allein noch keine Innovation für künftige Märkte schafft, Kostensenkung allein noch keine Kreativität stimuliert und noch keine Kompetenz für künftige Aufgaben garantiert.

Pauschale Kostensenkungsmaßnahmen aus einer sich ausbreitenden Verunsicherung heraus schwächen nicht selten die Leistungsfähigkeit einer Organisation. Auf längere Sicht schaden sie damit oft mehr als sie nutzen. Allzu sehr deuten aber die Rufe nach schnellen Erfolg verheißenden Konzepten auf die hier analysierte einseitige Ausrichtung hin. Getreu dieser Reparaturkultur hatten viele Propagandisten einer Heilslehre der bisherigen Produktivitätsorientierung und der Wertschöpfung Hochkonjunktur, weil sie diese Heilslehre als den Lösungsweg schlechthin darstellten. Welches Evangelium, so sollten wir uns aber auch fragen, wird wohl gelten, wenn alles „lean" gemacht wurde - neben Produktion, Personal, Organisation und Kosten auch lean innovation, lean competence und lean brain? Welche Heilslehre wird gelten, wenn immer noch nach Economies of Scale gesucht und gestrebt wird, obwohl die meist nicht wahrgenommenen Diseconomies of Scale die ersteren längst in den Schatten gestellt haben? Auf welche Erfolgspotenziale will man sich berufen, wenn der Mangel an Innovation, Erneuerung und Kreativität (mangelnde Energie- und Ressourcenproduktivität) allen deutlich sichtbar wird?

Hier könnte die Geschichte von den zehn kleinen Negerlein erzählt werden, und beim Gang durch die innovationsleeren Unternehmen kommt die Frage hoch: Was kommt eigentlich nach „lean"? Was kommt nach einem unreflektiert übernommenen und einseitig propagierten „lean"?

Die Gegenbewegung breitet sich langsam aus, um das Pendel der Reparatur in die andere Richtung ausschlagen zu lassen. Die Tugend liegt nach Aristoteles aber in der Mitte zwischen zwei falschen Extremen

(Pendelausschlägen): Sparsamkeit ist der Mittelweg zwischen Geiz und Verschwendung, Mut steht zwischen Feigheit und Leichtsinn, Fleiß zwischen Nichtstun und Hektik.

Dass wir die Pendelbewegungen der verschiedenen Entwicklungen nicht aufhalten können, liegt in der Natur der Sache. Dies würde Stillstand bedeuten. Das Leben aber ist Bewegung. Dass wir dennoch extreme Ausschläge verhindern können, zeigen uns das Prinzip des Miteinander und das Konzept der Selbsterneuerung. Es sind ja gerade die extremen Ausschläge, die zu den bereits erwähnten Verwerfungen führen. Meist pendeln wir nämlich von Reparatur zu Reparatur, von einem Extrem zum anderen. Genau dies kann nicht die Vision und Antwort für dieses Jahrhundert sein. Und genau hier will die Selbsterneuerung einen anderen Weg zeigen.

Selbsterneuerung durch Miteinander möchte ich deshalb auch nicht als neue Theorie verstanden wissen. Sie soll im praktischen Ansatz die Aufforderung sein, nach keiner Richtung hin zu übertreiben, vor allem aber nicht den Schlag des Pendels extrem zu beschleunigen und damit in ein Extrem zu steuern. Meistens werden so die nächsten Fehler bereits vorprogrammiert und der Pendel- oder Reparaturkreislauf beginnt von vorne, nur mit anderen Vorzeichen.

Radikal ist und bleibt allerdings die Aufforderung zu Selbsterneuerung und zu einem anderen Miteinander mit dem Ziel einer anderen Unternehmenskultur. Denn die globalen Veränderungen und technischen Entwicklungen der zurückliegenden Dekade lassen uns keine andere Wahl. Das Beispiel des Pendels soll uns deshalb dazu anregen, stets die andere Seite, mögliche Alternativen und Auswirkungen unseres Tuns mit zu bedenken und einzuplanen, bevor die Schwingung des Pendels in das andere Extrem ausschlägt. Auch das steckt hinter dem Konzept der Selbsterneuerung, auch dies verlangt das Miteinander der Führenden und der Geführten.

Zum besseren Verständnis sollen weiterhin die beiden Kräftepole „plus" und „minus", zwischen denen Energie fließt, herangezogen werden. Die Energie des Miteinander fließt dann optimal, wenn zwischen den beiden Kraftpolen „plus" und „minus" möglichst keine Barrieren

oder Blockaden aufgebaut werden und wenn möglichst keine
Favorisierung eines Pols erfolgt, weil dadurch der andere Pol nicht ausreichend einbezogen wird. So kann das Zusammenwirken von bisherigen
Polaritäten und Gegensätzen zu neuer Energie, Stärke und neuem Können führen.

Auf Unternehmen übertragen heißt dies, dass die Energie des Miteinander fließt, wenn Abteilungsgrenzen offener und durchlässiger werden, wenn Ressortegoismen abgebaut werden, wenn nicht mehr ausschließlich das Streben nach Macht und Einfluss die Aktivitäten diktiert,
wenn Fähigkeiten und Kompetenzen auch bei anderen entdeckt und
genutzt werden, wenn eine Symbiose im Miteinander das Verhältnis zum
Kunden bestimmt und wenn diese Symbiose schließlich zu neuen Schü-
ben von Kreativität und Innovation und damit Vielfalt führt.

Das Miteinander findet dann statt zwischen Ordnung und Prozess,
zwischen Struktur und Bewegung, zwischen Lenkung und Eigendynamik, Planung und Improvisation, Organisation und Entfaltung, Rationalität und Intuition, Einfachheit und Komplexität, Schnelligkeit und
Langsamkeit, Wettbewerb und Zusammenarbeit, zwischen Konfrontation und Kooperation.

An dieser Stelle bietet sich das aus der chinesischen Philosophie
stammende Yin und Yang an, das die Urkräfte im kosmischen Prozess
trotz oder gerade wegen ihres dualen Charakters als Ganzheit betrachtet. Denn durch das unterschiedliche Zusammenwirken beider entstehen
Wandlungen und Veränderungen. Yin ist nicht existenzfähig ohne Yang
und umgekehrt. In jedem Yang sind auch Yin-Komponenten enthalten
und umgekehrt. Diese chinesische Paarung ließe sich auf unser Prinzip
des Miteinander übertragen, da zwischen den Polen Yin und Yang Energien des Zusammenwirkens, der Harmonie und des Miteinander fließen.
Da jegliches Management nicht in einem abgeschlossenen Raum stattfindet, sondern wie alles im Leben immer Teil eines größeren Ganzen ist,
sollten wir auch darauf achten, diese Ganzheit nicht außer Acht zu lassen, in der sich alle unsere Handlungen vollziehen.

Wir haben festgestellt, dass Unternehmen und Management bisher zu
einer Selbsterneuerung - wenn überhaupt - nur in sehr geringem Maße

fähig sind. Wir können höchstens einige Ansätze dazu in Teilbereichen ausmachen. Um aber die Gedanken des hier vorgestellten Konzepts der Selbsterneuerung auf der Basis des Miteinander in ein zukunftsorientiertes Management und in die Unternehmensführung implementieren zu können, ist es wichtig, dieses Konzept in bisherige im Unternehmen angewandte Konzepte und in die Prozesse einzuordnen. Deshalb soll im Folgenden eine solche Gesamteinordnung vorgenommen werden.

Es gibt, wie bereits festgestellt, eine Fülle von Methoden, Rezepten und Lehren für das Management, die je nach konjunktureller und wirtschaftlicher Lage gefragt sind oder nicht. Es ist immer ein bestimmter Wechsel und ein Pendeln zwischen den verschiedenen Ansätzen zu beobachten.

Wir haben aber auch gezeigt, dass eine Kultur, die mehr auf ein Reparieren statt auf eine generelle und grundlegende Erneuerung abzielt, uns insgesamt und in Zukunft erst recht nicht weiterführen wird. Solche periodischen Genesungsstrategien tendieren meistens dazu, nur an Symptomen zu kurieren, was zwar oft genug beklagt wird, aber dennoch immer wieder anzutreffen ist.

Weiterhin unterliegen diese Strategien immer wieder bestimmten Mode- oder Trendwellen. Dabei ist es durchaus verständlich und nachvollziehbar, dass jemand, der mit hohem Fieber erkrankt ist, zunächst alles daransetzen wird, das Fieber zu senken und in den Griff zu bekommen. Er wird sich kaum um etwas anderes kümmern wollen. Aber kurzfristige physische Behandlungen reichen zur wirklichen Bewältigung von Krankheiten nicht aus. Auch der einzelne Mensch muss seine Lebensweise umstellen und anpassen, will er gesund und fit bleiben.

Aus diesem Grunde verfolgt dieses Buch auch das Ziel, einen Ansatz zu finden, der über das Kurieren von Symptomen hinausgeht. Ich habe mir dieses Ziel auch gesetzt, weil ich glaube, dass wir für die völlig anders gearteten komplexen künftigen Aufgaben einen anderen Ansatz, eine andere Art des Herangehens und eine andere Art der Umgangsqualität brauchen.

Dieser Ansatz darf sich nicht, wie viele in der Vergangenheit, nur Teilaspekte herausgreifen und dadurch Teiloptimierungen verfolgen.

Dieser Ansatz muss ganzheitlich ausgelegt sein, er muss viele Aspekte umfassen und möglichst gut für die Komplexität des zukünftigen Wirtschaftsgeschehens geeignet sein. Er muss flexibel sein, um neue Konstellationen und Veränderungen bewerkstelligen zu können. Denn die Aufgabe für ein Erfolgsmanagement heißt, Krisen, Wandel und Veränderungen zu nutzen, um eigene Stärken zu mobilisieren und diese - wie wir gezeigt haben - additiv und multiplikativ im Miteinander um neue, an die eigenen Strukturen angepasste Kompetenzen und Stärken zu ergänzen.

Dieser Ansatz wird geleitet von dem Postulat, nicht fiebrige Erkrankungen abzuwarten, in dem Bewusstsein, ein geeignetes und sicheres Mittel zur Senkung der lebensbedrohenden Temperaturerhöhung zu haben, sondern möglichst dafür zu sorgen, dass solche Erkrankungen erst gar nicht entstehen können.

Im Management gilt aber meistens: den Erfolgen hinterher jagen und die daraus resultierenden Beeinträchtigungen, Frustrationen und eventuellen Erkrankungen in Kauf nehmen! Dies zeigte nicht zuletzt die Finanzkrise auf für viele sehr schmerzhafte Art und Weise mit zum Teil hohen Vermögensverlusten.

Wenn sich also eine Unternehmenskultur auf kurzfristige oder gar vierteljährliche Ziele - wie sie von Analysten meist gefordert werden - konzentriert, bringt sie sehr schnell ungesunde Strukturen und damit auch ungesunde Handelnde und Menschen hervor. Gerät der Erfolg ins Stocken, werden entsprechend der herrschenden Reparaturmentalität die Betroffenen ausgetauscht. Dieses Streben erscheint paradox, wenn man bedenkt: Um ein Resultat zu erreichen, muss man sich zunächst mental von ihm lösen. Die volle Aufmerksamkeit wird so auf die Handlung, das heißt die Leistung, gelenkt. Und erst dies führt meist zu dem gewünschten Erfolg. Hier können wir eine Menge vom Sport lernen. Dort führt meist nicht der Slogan „Ich will den ersten Platz erreichen" zum gewünschten Erfolg, sondern die mentale Vorstellung „Ich will mein Bestes geben". Und sein Bestes geben kann man im Unternehmensalltag meist im Zusammenspiel aller Kräfte und im Miteinander der Vielfalt.

In der jeweils unterschiedlichen Ausprägung des Ansatzes, ob es sich um Organisationen, Unternehmen oder gar Nationen handelt, in dieser individuellen Ausprägung können so neue Erfolgsfaktoren entstehen. Diese basieren auf einer zielgerichteten Lernbereitschaft und der Fähigkeit, neue Entwicklungen in die bestehenden kulturellen Systeme zu integrieren. Zur Lösung dieser Aufgabe kann die Selbsterneuerung beitragen und ein Erfolgsmanagement auf einen zukunftsweisenden Weg bringen. Deshalb steht die Selbsterneuerung als ein verbindendes Ganzes über bisherigen Ansätzen, Methoden und Konzepten.

Wir finden auch das Prinzip des Miteinander selbst wieder, und zwar in einer praktischen Anwendung. Durch dieses Prinzip führt die Selbsterneuerung alle Methoden, Konzepte und kulturellen Ausprägungen zusammen. Selbsterneuerung ist offen für neue Entwicklungen und Veränderungen. Sie greift damit weit über die einzelnen Methoden hinaus und öffnet den Weg für ein Management-, Führungs- und Organisationssystem, das durch eine Kontrolle von innen, aus sich selbst heraus gesteuert wird. Dafür steht die Metapher des Wassers und des Schmetterlings.

Das Konzept der Selbsterneuerung können wir zum Beispiel auch mit dem Lego-Prinzip vergleichen. Das Lego-Prinzip mit seinen einzelnen, oft gleich aussehenden Bausteinen und Teilen hat die entscheidende Eigenschaft, dass aus dem Miteinander verschiedener Teile in immer wieder neuen Konstellationen neue Dinge entstehen und sich entwickeln können, die sich ganz wesentlich von den vorherigen unterscheiden. Die einzelnen Teile (Bausteine) bleiben gleich, die Vielfalt der Konstellationen und Möglichkeiten im Miteinander sind fast unbegrenzt. Die Kreativität des Einzelnen kann sich voll entfalten und ungeahnte Innovationen hervorbringen.

Wir können das Konzept der Selbsterneuerung wie folgt veranschaulichen: Durch fortwährendes Austauschen, Geben und Nehmen, Zusammenwirken und Miteinander fließen Energien und Kräfte, die das Management und die Unternehmen für die Zukunft wappnen. Abgrenzungen, wenn sie überhaupt noch vorhanden oder notwendig sind, sind als durchlässige Membranen zu verstehen, durch die Energien ausgetauscht werden können. Dieser Austausch von Energien geschieht im Sinne des

Fließens zwischen Kräftepolen. Die Kräftepole sind dabei nicht fix. Sie können sich, wie gezeigt wurde, aus unterschiedlichen Fähigkeiten bilden, aus unterschiedlichen Charakteren, aus unterschiedlichen Methoden, aus unterschiedlichen Disziplinen, aus unterschiedlichen Kulturen.

Jedes Teil steht mit jedem anderen in Verbindung. Jedes Teil ist so auch in der Lage, einen Kräfteaustausch mit vielen anderen in Gang zu setzen und zu erhalten. Die Vielfalt und der Reichtum an Fähigkeiten, Kenntnissen, Kompetenzen, Methoden, Disziplinen, Ressourcen und Energien können auf diese Weise im Zusammenwirken und gegenseitigem Austausch zu neuen Stärken und zu echter Innovations-Kompetenz führen und damit eine echte Energie- und Ressourcenproduktivität sicherstellen.

Dabei spielt es keine Rolle, ob dieses Austauschen und Zusammenwirken zwischen unterschiedlichen Methoden, Ansätzen, Fachrichtungen und Disziplinen (*interdisziplinär*) geschieht, zwischen unterschiedlichen Menschen, Charakteren und individuellen Ausprägungen (*interpersonell*) oder zwischen unterschiedlichen nationalen, regionalen und kulturellen Traditionen, Wegen und Vorgehensweisen (*interkulturell*).

Erfolgsmanagement im Sinne der Selbsterneuerung ist interpersonell, interdisziplinär und interkulturell. Es ist zukunftstauglich und fit im Sinne des Miteinander, indem es unterschiedliche Einsichten und Stärken koppelt, nicht nur innerhalb eines Unternehmens, eines Unternehmensverbundes und eines Landes, sondern auch im volkswirtschaftlichen, interregionalen, euro- oder geopolitischen Bereich.

Dies stellt natürlich ganz andere und völlig neue Anforderungen an die soziale, kommunikative, emotionale und kulturelle Kompetenz der Führenden. Der Kern des Konzeptes der Selbsterneuerung liegt deshalb darin, aus allen verfügbaren Quellen, aus dem vorhandenen Ressourcenreichtum und der Kompetenzenvielfalt Wissenspotenziale für die Zukunft zu entwickeln und die Wahrnehmungsfähigkeit für Veränderungen zu schärfen. Dazu brauchen wir eine große Lernbereitschaft. Wir müssen eine andere, umfassendere Lernfähigkeit entwickeln. Selbsterneuerung verlangt flexibles und innovatives Handeln, sie spornt zu gemeinsamen Höchstleistungen an. Dies sichert nicht zuletzt Produktivität, Wettbewerbsfähigkeit und damit die Existenz von Unternehmen.

# 8   Die Kultur der Umgangsqualität – Wie wir veränderungsfähig werden

*„Im Leben gibt es keine Lösungen.*
*Es gibt nur Kräfte, die in Bewegung sind:*
*Man muss sie erzeugen –*
*und Lösungen werden folgen."*

*Antoine de Saint-Exupéry*

In seinem Buch „Anleitung zum Unglücklichsein" schreibt Paul Watzlawick: „Ein Mann will ein Bild aufhängen. Den Nagel hat er, nicht aber den Hammer. Der Nachbar hat einen. Also beschließt unser Mann, hinüberzugehen und ihn auszuborgen. Doch da kommt ihm ein Zweifel: Was, wenn der Nachbar mir den Hammer nicht leihen will? Gestern schon grüßte er mich nur so flüchtig. Vielleicht war er in Eile. Aber vielleicht war die Eile nur vorgeschützt, und er hat etwas gegen mich. Und was? Ich habe ihm nichts angetan; der bildet sich da etwas ein. Wenn jemand von mir ein Werkzeug borgen wollte, ich gäbe es ihm sofort. Und warum er nicht? Wie kann man einem Mitmenschen einen so einfachen Gefallen abschlagen? Leute wie dieser Kerl vergiften einem das Leben. Und dann bildet er sich noch ein, ich sei auf ihn angewiesen. Bloß weil er einen Hammer hat. Jetzt reicht's mir wirklich. – Und so stürmt er hinüber, läutet, der Nachbar öffnet, doch bevor er Guten Tag sagen kann, schreit ihn unser Mann an: Behalten Sie doch Ihren Hammer, Sie Rüpel!"

Diese Geschichte zeigt anschaulich, wie schwierig Verständigung und wirkliche Kommunikation eigentlich sind. Sie zeigt, wie sehr wir von unseren Vorstellungen, Einbildungen und Gedanken geleitet werden und welche zunächst nicht zu erwartenden Probleme dadurch auftreten können. Diese Geschichte macht auch deutlich, warum Veränderungen scheitern. Sie zeigt, dass Information allein nie ausreicht, sondern Veränderungen nur durch eine kommunikative Interaktion, durch gegenseitigen Austausch, durch ein Miteinander überhaupt gelingen können.

Aber wer will normalerweise Veränderungen wirklich? Ist nicht, wie wir gesehen haben, der Erfolg von gestern und heute oft das größte Hindernis für morgen? Sind zurückliegende Stärken aus der Vergangenheit nicht oft genug die eigentlichen Gründe für gegenwärtige oder zukünftige Schwächen? Erweisen sich eingespielte Routinen nicht als enorm zählebig, aber in vielen Fällen ja auch durchaus als erfolgreich? Ist nicht die Skepsis vieler berechtigt und verständlich, wenn plötzlich Verantwortung übertragen und Kontrolle abgebaut werden sollen? Oder ist denn im Einzelfall ausreichend geklärt, ob die Kontrolle nicht doch an anderer Stelle nur mit einem anderen Etikett installiert wird, wo man sie dann nicht richtig einschätzen kann? Sind Bedenken nicht verständlich, ob bei Reorganisationen Verantwortung und Entscheidungsbefugnisse wirklich an die dafür befugten Stellen übertragen werden?

Meistens sind wir – das wurde in den bisherigen Ausführungen deutlich – in unseren gewohnten Denk- und Verhaltensmustern gefangen. Wir können deshalb auch die Schwierigkeiten gar nicht erkennen, die wir mit Veränderungen und Wandel haben oder die wir mit unseren Entscheidungen auslösen. Es kann sicherlich unterstellt werden, dass alle, die mit Veränderungen und Wandel zu tun haben, diese nicht leichtfertig angehen oder nur um ihrer selbst willen durchführen. Zu beobachten ist aber, dass auch diejenigen, die rechtzeitig und Schritt für Schritt eine Veränderung planen, oft nicht wissen, was die entscheidenden Faktoren für eine erfolgreiche Umsetzung sind, ganz zu schweigen von deren Wirkungen und Wechselwirkungen.

Selbst die vielzitierten Väter des Business Reengineering, Michael Hammer und James Champy, räumten ein, dass bis zu 70 Prozent aller Veränderungsprojekte nicht gelungen sind und zu keinem der erwarteten und beabsichtigten Ergebnisse geführt haben. Allerdings sei hier aber auch kritisch angemerkt, dass der Ansatz des Business Reengineering zu sehr dem rationalen, analytischen und funktionalen Denken sowie dem mechanistischen Unternehmensbild verhaftet ist. Deshalb wird der sozial-psychologische, der emotionale und intuitive Aspekt der menschlichen Seite zu wenig berücksichtigt. Darin liegt auch der Hauptgrund, warum Business Reengineering auch den informellen Regeln der Zusammenarbeit von Menschen nicht genügend gerecht werden konnte. Vielleicht ist genau dies der entscheidende Grund für die hohe Versagerquote bei vielen Veränderungsvorhaben. Da letztere aber für eine Selbsterneuerung unabdingbar sind, wollen wir hier die größten Hürden, die häufigsten Fehler und die wirksamsten Gegenmittel für den Prozess der Veränderung und Selbsterneuerung, aber auch für den Weg zu einer Kultur der Umgangsqualität genauer betrachten.

## Die größten Hürden im Veränderungsprozess

Keiner traut sich, offen einzugestehen, dass die meisten großen Veränderungsanstrengungen in Unternehmen aus den vergangenen zwei Jahrzehnten ihr eigentliches Ziel verfehlt haben. Als Beispiel sei hier nur die große Fusion von Daimler und Chrysler zum Weltkonzern genannt. Gemessen an den propagierten Zielen, die erreicht werden sollten, haben viele der groß angekündigten Initiativen zur Qualitätssteigerung, zur Kundenorientierung, zum Team-Management, zur Neustrukturierung oder Innovationsausrichtung ihr Ziel nicht erreicht oder gar versagt.

Als größtes Hindernis erweist sich immer wieder der Mangel an Einsicht in die Notwendigkeit von Veränderungen und die damit verbundenen Verhaltensweisen. Genau dies können wir auch bei den üblichen und aus den vergangenen 60 Jahren gewohnten Konjunkturverläufen beobachten. Sobald die Konjunktur sich zu erholen beginnt, neigen viele dazu, wieder zu den alten Rezepten zu greifen und die früheren Erfolgspfade zu beschreiten. Oder betrachten wir die jüngste Finanzmarktkrise: Hat sich bei den betroffenen handelnden Personen wirklich etwas verändert oder betreiben die meisten von ihnen nicht wieder business us usual wie vor der Krise?

Die obigen Befunde bestätigen insgesamt die Notwendigkeit für den hier immer wieder geforderten mentalen Wandel, besonders im Management. Wir haben gezeigt, dass Qualität und Kompetenz der Führung zu dem Erfolgsfaktor schlechthin wird. Das Top-Management konzentriert sich meistens nur auf die formalen Regeln. Das heißt, es wird wie in der Vergangenheit auch bei Veränderungsprozessen nur auf die bekannten Gesetze im Unternehmen geachtet. Vernachlässigt wird immer noch die Beachtung der informellen oder ungeschriebenen Erfolgsfaktoren (Gesetze), der informellen Regeln und der sogenannten - häufig immer noch nicht ernst genommenen - weichen Faktoren. Dabei sollte sich langsam die Erkenntnis durchgesetzt haben, dass diese Faktoren in Zukunft die eigentlichen und entscheidenden Erfolgsfaktoren sein werden.

Aber kein Unternehmen arbeitet nur nach festgelegten Regeln und Formeln. Oder drastischer ausgedrückt: Wenn Unternehmen nur nach den festgelegten Regeln, Plänen, Strategien und Abläufen vorgehen würden, wären viele Erfolge nicht eingetreten oder auch denkbar gewesen. Das Beispiel des Wassers mit den unterschiedlichen Formen und das Beispiel des Schmetterlings als Überlebenskünstler in widrigen Situationen durch Metamorphose haben uns dies anschaulich gezeigt.

Eine der größten Hürden für das Scheitern von Veränderungsprozessen ist also die zu starre Ausrichtung an formellen Strukturen, wobei gleichzeitig die informellen Regeln vernachlässigt und meist überhaupt nicht wahrgenommen werden. Das heißt auch, dass oft Veränderungen über die Köpfe der betroffenen Menschen hinweg beschlossen werden, ohne diese ausreichend in die Veränderungsprozesse zu integrieren.

So kommen neue strategische Weichenstellungen häufig in Klausurtagungen abseits vom Tagesgeschehen zustande, wo Führungskräfte isoliert Zukunftsentwürfe verabschieden. Ins Unternehmen zurückgekehrt, verkaufen sie diese Entwürfe als das Nonplusultra, ohne wirklich zu hinterfragen, ob die Neuausrichtung dem Unternehmensgeschehen mit den vorhandenen Mitarbeitern und ihren Stärken und Schwächen sowie der Marktausrichtung des Unternehmens auch gerecht wird. Meistens wird in der Klausur eine Neuorganisation sogar bis ins Detail festgelegt, wobei Funktionen und formelle Strukturen am besten noch mit genauer Kompetenzverteilung festgeschrieben werden.

Als Ergebnis werden die betroffenen Mitarbeiter durch solche Aktionen häufig in die innere Emigration und Versenkung getrieben. Die wirklichen Probleme kommen erst gar nicht ans Tageslicht, und nach einem Jahr wundern sich alle, warum die Neuausrichtung so danebengegangen und erfolglos ist. Von Glück können diejenigen Unternehmen sprechen, die mit solchem Tun nicht auch noch ins Schleudern oder eine Existenzkrise geraten sind.

Wie aber soll sich dann das Unternehmen bei und in den einzelnen Mitarbeitern wieder finden? Wie sollen die Mitarbeiter als Schnittstelle zum Kunden und Nahtstelle zum Markt überzeugend und erfolgreich agieren können? Wie sollen die Kunden den einzelnen Mitarbeiter als kompetenten Partner erleben können? Wie können die vorhandenen Potenziale und Fähigkeiten als Erfolgsfaktor eingesetzt werden?

Das obige Vorgehen ist auch deshalb so weit verbreitet, weil es dem bereits aufgezeigten Glauben an die Machbarkeit und dem linear-analytischen und funktional ausgerichteten Denken entspringt. Hinzu kommen, wie wir gesehen haben, der immer noch enge zeitliche Horizont im Planen und Handeln sowie das kurzfristige und auf eine Größe konzentrierte Denken. Genau dies verursacht viele der genannten Probleme, weil dieses Denken viel zu wenig über den Tellerrand des eigenen Tuns, des eigenen Bereichs, des eigenen Unternehmens, der eigenen Branche oder der eigenen Fachdisziplin hinausreicht.

Die einfachen Kausalketten des Ursache-Wirkung-Denkens können aber nur Momentaufnahmen hervorbringen, die auf einer isolierten und die Dynamik der Entwicklung außer Acht lassenden Betrachtung beruhen. Das daraus resultierende Handeln greift in der Regel zu kurz und ist zu wenig ganzheitlich orientiert. Die Berücksichtigung von Einzelaspekten reicht bei den umfassender und komplexer werdenden Aufgaben nicht mehr aus. Wenn man etwas ändern will, müssen alle Bereiche berücksichtigt werden. Ansonsten sind Reorganisationen oder dass damit verbundene Change-Management mit einem einseitig ausgerichteten Fitnesstraining für Blinde zu vergleichen, die solchermaßen getrimmt nur umso schneller gegen eine unerwartete, nicht wahrgenommene Wand laufen.

Wer also die Macht der ungeschriebenen Gesetze und der multikausalen Zusammenhänge nicht beachtet, baut sich selbst die größten Hindernisse für einen geplanten Veränderungsprozess. „Ein Führender, der im Geführten eine subordinativ-hierarchische Abhängigkeit erzeugt, wird nie eine wirkliche, eine realitätsdichte und wirklichkeitsgetreue Rückmeldung über sein Fremdbild erhalten, er wird nie erfahren, welche erwünschten sozialen Verhaltensmuster er ausbauen und verstärken, welche unerwünschten er abbauen, abschleifen oder eliminieren sollte.

Er wird weiterhin in seinem eigenen Saft schmoren und die Gloriole seines unantastbaren und vor Selbstgefälligkeit triefenden Selbstbildes vergolden." (Grimm 1994, S. 265)

Das Konzept der Selbsterneuerung zeigt auch hier einen anderen Weg, der Veränderungen im Miteinander angeht und diese auf eine breite Basis unter Beteiligung aller stellt. Konsequent zu Ende gedacht macht Selbsterneuerung Veränderung fassbar und möglich. Denn dadurch wird eine Organisation oder ein Unternehmen flexibel auf Signale von außen und von innen reagieren und sich entsprechend anpassen können. Dabei werden sowohl die Entwicklungen vom Markt her als auch die Veränderungen und Gegebenheiten im Innern, also von den Mitarbeitern, berücksichtigt. Das Handeln wird nicht mehr vergangenheitsorientiert, sondern zukunftsorientiert ausgerichtet durch ein flexibles Agieren. Es geht nicht darum, eine frühere Rentabilität als solche wiederherzustellen, sondern ein vitales Unternehmen zu schaffen, das eine dauerhafte Rentabilität gewährleistet. Ein solches Unternehmen kann sich nur in einem konstruktiven Miteinander zwischen Führung und Mitarbeiter entwickeln.

Es gibt eine Tatsache, die fast banal erscheint und sehr einfach ist. Dennoch wird sie in den meisten Unternehmen sträflich vernachlässigt: Die Mitarbeiter wissen oft am besten, was sie bei ihrer Arbeit am meisten hindert und welches die größten Hürden für eine erfolgreichere Umsetzung sind. Nur, es fragt sie niemand wirklich danach! Sie werden in der täglichen Praxis zu wenig gehört. Es interessiert die Führung ganz einfach nicht.

Wenn man also eine Veränderung angehen will, sollte man die betroffenen Mitarbeiter fragen, wie sie ihre Arbeit besser machen können und wollen. So könnten zum Beispiel mit einer fest installierten Ideenbörse Kreativität und Ideen im Unternehmen genutzt werden. Das Produktivitätspotenzial, welches sich daraus ergibt, ist für viele unvorstellbar. Es ist aber eine der wichtigsten und bisher zu wenig genutzten Energie- und Produktivitätsreserven. Diese Reserven sind in allen Unternehmen und Organisationen vorhanden, sie befinden sich aber meist in einem latenten, vor sich hinschlummernden und brachliegenden Zustand. Dabei hindert uns eigentlich nichts daran, diese Reserven im Sinne einer höheren Energie- und Ressourcenproduktivität zu erschließen und zu nutzen.

Daneben finden wir auch im Management immer noch ein ausgeprägtes Ressort- und Bereichsdenken, welches wertvolle Kapazitäten und
Kompetenzen in Macht- und Revierkämpfen vergeudet, statt die Fähigkeit zur Steuerung des Wandels zu entwickeln. Eine der am meisten
anzutreffenden Hindernisse für Veränderungen ist denn auch dieses
Bereichsdenken, welches eng korrespondiert mit dem linear-analytischen und funktionalen Denken. Der eigene Bereich hat dabei den Vor-
rang, auch wenn dies auf Kosten des Gesamtergebnisses oder anderer
Bereiche geht.

Unter diesen Vorzeichen lassen sich denn auch Innovationen nur sehr
schwer erreichen und umsetzen. Ein Haupthindernis ist immer noch die
mangelnde Freisetzung von Kreativität, der allzu viele, meist selbstge-
machte Hürden im Wege stehen. Und viele Unternehmen verhalten sich
so, als gelte es nur, eine festgestellte Kostenkrise in den Griff zu bekommen, oder als gehe es immer noch darum, Einflussbereiche zu verteilen, obwohl sich schon an allen Ecken und Enden die weit gravierendere
Innovations-, Kreativitäts- und Strukturkrise zeigt.

Ein weiteres Haupthindernis sind die mentalen Hürden und der meist
nicht sehr ausgeprägte Wille zur Veränderung. Dabei muss jeder Wand-
lungsprozess, jede Restrukturierung und jede Neuorganisation mit einem mentalen Wandel einhergehen. Dieser Wandel ist aber nie
delegierbar an bestimmte Stellen oder Bereiche. Er muss von allen ge-
wollt und angepackt werden. Jeder muss daran beteiligt sein und daran
beteiligt werden. Dies ist eine unabdingbare Voraussetzung für eine
erfolgreiche Veränderung. Das Ziel lautet, Veränderung aus eigener und
innerer Kraft heraus bei voller Einbindung der Mitarbeiter von Anfang
an. Dabei muss der unbedingte Wille zur Veränderung von oben vorgelebt, praktiziert und vor allem offen und glaubhaft kommuniziert werden.

## Wie wir Fehler vermeiden

Werfen wir wieder den Blick auf die Mechanismen der Natur: In einem
biologischen Organismus zum Beispiel funktionieren alle Teile (Organe)
in einer engen Verbindung miteinander. Energien strömen durch das

ganze System, von Teil zu Teil (Konzept der Selbsterneuerung durch Miteinander). Das oberste Ziel dieses Miteinander ist die Sicherstellung der Lebens- und Überlebensfähigkeit. Dies geschieht durch ständigen Austausch von Energien, durch Interaktionen im Inneren eines Organismus und mit der Umwelt, durch kontinuierliches Anpassen und Verändern.

Genauso könnten wir uns auch das Idealbild eines vitalen Unternehmens oder einer leistungsfähigen, zukunftstauglichen Organisation vorstellen. Aber die Realität ist weit davon entfernt. Deshalb kann genau hier einer der größten Fehler ausgemacht werden, der Veränderungen zum Scheitern bringt: starre, hierarchische Strukturen mit festgelegten und genau definierten Aufgaben und Kompetenzen. Diese haben meist wenig mit der Außenwelt der Kunden und Märkte, aber auch der Innenwelt der Mitarbeiter und der im Unternehmen arbeitenden Menschen zu tun. Veränderungen scheitern so häufig an selbstgemachten Fehlern, die aus eigener Kraft verhindert werden könnten.

Die Frage lautet deshalb, ob sich die Menschen innerhalb eines Unternehmens oder einer Abteilung konstruktiv im Miteinander und förderlich mit einer Problemsituation oder Aufgabe auseinandersetzen, oder ob sie eher skeptisch, zurückhaltend und destruktiv in eine Art Abwarte- oder gar Widerstandshaltung zu den geplanten Veränderungen gehen. Gerade bei Innovationsvorhaben ist diese Haltung der Betroffenen von entscheidender Bedeutung für eine erfolgreiche Umsetzung. Welches Verhalten gegenüber solchen Innovationsvorhaben letztlich an den Tag gelegt wird, dies hängt maßgeblich vom Management und dem vorgelebten Verhalten durch die Führungskräfte ab.

Was aber ist ein veränderungsförderliches oder ein eher veränderungsfeindliches Verhalten?

Keineswegs kann es darum gehen, jede Neuerung sofort freudig zu begrüßen und tatkräftig zu ihrer schnellstmöglichen Realisierung beizutragen. Oft genug mag es angezeigt sein abzuwarten, alternative Stellungnahmen und andere Sichtweisen einzuholen und verschiedene Möglichkeiten abzuwägen (Dazu wurden die Vorzüge der Langsamkeit und Gelassenheit in Kapitel 3 ausführlich dargestellt). Wir haben so bereits vor Jahren erkannt, dass der technologie-induzierte Beschleunigungs-zwang ganz offensichtlich auch eine ökonomische Grenze hat. Der Markt ist nicht grenzenlos aufnahmefähig für immer neue und sich immer schneller ablösende Produkt-Innovationen. Schnelligkeit und Langsam-keit gehören also immer zusammen und Qualität hat, wie in Kapitel 3 deutlich wurde immer auch ein Tempolimit.

Fraglos kann man aber etwa die Suche nach Informationen, die Ana-lyse der Situation, das Einbringen von Vorschlägen oder die Kalkulation von positiven und negativen Effekten als förderliches Verhalten in Ver-änderungsprozessen bezeichnen. Im Fokus eines jeden Veränderungs-prozesses steht der einzelne Mensch und Beteiligte. Auf ihn kommt es letztlich an, ob eine Innovation konstruktiv vorangetrieben oder blo-ckiert wird. Natürlich sind immer Gruppen und Abteilungen oder sogar das ganze Unternehmen an der Einführung von Neuerungen beteiligt. Doch diese setzen sich immer aus einzelnen handelnden Menschen zu-sammen. Deshalb ist es auch so wichtig, rechtzeitig und umfassend zu informieren und die Chance sowie die Möglichkeiten nicht ungenutzt zu lassen, einen Gedankenaustausch zu pflegen, Mitarbeiter konstruktiv einzubeziehen und Unterstützung wirklich zu suchen und zu akzeptie-ren. Nur so können Veränderungsprozesse erfolgversprechend begleitet werden mit Ideen, Engagement, Kritik, eventuellen Korrekturen, Verbes-serungsvorschlägen, Mitfühlen und Mitwirken.

## Erfolgsfaktoren für eine Selbsterneuerung

Aus der Sicht der Selbsterneuerung durch Miteinander ist es eine unum-stößliche Tatsache, dass sich Unternehmen und Organisationen nur durch Interaktionen mit anderen optimal entwickeln können. Und diese Interaktionen finden, wie wir gesehen haben, sowohl nach innen als auch nach außen und im gesamten Beziehungsgeflecht statt.

Deshalb zeichnet sich ein erfolgreiches Unternehmen in Zukunft da-durch aus, dass es die Fähigkeit entwickelt, all das aufzunehmen und bei seinen Aktionen zu berücksichtigen, was intern, im unmittelbaren Um-feld, auf den direkten Märkten und im globalen Zusammenhang (Weltmärkte) geschieht. Aus diesem Grund können Information und Kommunikation auch nicht mehr, wie wir nachgewiesen haben, instinktiv aufgenommen oder betrieben werden. Sie müssen aktiv und systematisch unter dem Postulat des kreativen und vertrauensvollen Miteinander angepackt werden.

Wenn sich Mitarbeiter und Unternehmen nach dem Prinzip des Miteinander als Schicksalsgemeinschaften erleben und begreifen, dann ist diese erlebte Gemeinschaft und Zusammengehörigkeit der Erfolgsfaktor schlechthin. Eine Risiko- und Erfolgsbeteiligung wird von allen ernst genommen und getragen. Nur wenn Mitarbeiter dabei das Gefühl haben, an Veränderungsprozessen und Entscheidungen mitgewirkt zu haben, werden sie diese letztlich auch mittragen.

Erfolgsfaktoren ergeben sich aus der Verbindung der individuellen Bedingungsfelder (Individuum, soziales Umfeld, organisatorisches Umfeld und Innovationssystem) und den verschiedenen Kompetenzbereichen. Im Sinne des Konzepts der Selbsterneuerung können solche Erfolgsfaktoren als Gegenmittel gegen das Scheitern von Veränderungen verstanden werden. Denn die Stärke des Konzepts der Selbsterneuerung besteht ja gerade in der Vielfalt, die im Zusammenspiel und gegenseitigen Austausch die Überlebensfähigkeit sicherstellt. Voraussetzung ist allerdings, dass man diese vorhandene Vielfalt auch wahrnimmt, gezielt einsetzt und im Zusammenwirken nutzt. Deshalb können als Erfolgsfaktoren besonders folgende hervorgehoben werden:

- Qualifikation und Kompetenz,

- Umgang mit Komplexität,

- Identifikation mit Innovation,

- gelebte Innovationskultur,

- Kreativität und Flexibilität,

- Offenheit und Kommunikationsbereitschaft,

- Verantwortung und Mitwirkung,

- Entscheidungsfreiräume sowie

- eine neue Kultur der Umgangsqualität.

Wer in Zukunft wirtschaftlich erfolgreich sein will, muss Augen und Ohren offen halten für die unberechenbaren sprunghaften Bewegungen in seinem gesamten Umfeld. Hier ist lebendiger Dialog gefordert – nicht mehr die starre Einwegkommunikation von gestern.

Wer wirtschaftlich erfolgreich sein will, muss aber auch den Mut haben, ein Zukunftsbild zu entwickeln. Aber wohlgemerkt: nicht allein, sondern unterstützt von vielen. Nur eine offene Unternehmenskultur kann den Boden dazu bereiten. Das Unternehmen kann so zur ‚Spielwiese' für Menschen mit Phantasie und dem Mut, das Undenkbare zu denken, werden. Darüber hinaus sollten auf dieser ‚Spielwiese' die besten Lösungen im Sinne eines verantwortungsbewussten Handelns und einer Nachhaltigkeit errungen werden.

Zur Frage, wie die Aufgabe und Arbeit der Führungskräfte in der Gesellschaft und Wirtschaft des 21. Jahrhunderts aussehen werden, gab schon der Vordenker in Sachen Management, Peter Drucker, mit seinem Buch „Die postkapitalistische Gesellschaft" eine Antwort: Führungskräfte müssten lernen, mit Situationen zurechtzukommen, in denen sie nichts befehlen können, in denen sie selbst weder kontrolliert werden noch Kontrolle ausüben können. Die elementare Veränderung: Wo es ehedem um eine Kombination von Rang und Macht ging, wird es in Zukunft Verhältnisse wechselseitiger Übereinkunft und Verantwortung geben.

Nimmt man diese beiden Einschätzungen von Peter Drucker wirklich ernst, so können wir durchaus von einer herrschenden Führungskrise sprechen, deren Lösung ein wichtiges Gegenmittel für das Scheitern von Veränderungen darstellt. Der Begründer des japanischen Matsushita-Konzerns, Konosuke Matsushita, hat dieses Problem der notwendigen Bewusstseinsänderung in unseren Unternehmen bereits vor Jahren auf den Punkt gebracht. Deshalb soll sein schon oft zitierter Ausspruch auch hier festgehalten und wiedergegeben werden, auch wenn Japan angesichts der jüngsten Katastrophen nur bedingt als Vorbild taugt:

„Eure Unternehmen sind nach Taylor ausgerichtet. Aber das schlimmste ist, dass Eure Köpfe das auch sind. Ihr seid zufrieden damit, wie Ihr Eure Unternehmen leitet, indem Ihr einen Unterschied macht zwischen ‚Denkenden' auf der einen Seite und den ‚Ausführenden' auf der anderen. Für Euch bedeutet Führen die Kunst, Eure eigenen Ideen durch die Hände Eurer Arbeiter zu verwirklichen. Wir hingegen sind Post-Tayloristen und wissen, dass die Geschäfte einen derartigen Grad an Komplexität erreicht haben und dass das Überleben eines Unternehmens so davon abhängig ist – innerhalb einer stets gefährlicheren, überraschenderen und stärker konkurrierenden Umgebung –, dass nichts anderes übrig bleibt, als täglich die gesamte Intelligenz aller Mitarbeiter aufzubieten, um die Möglichkeit zum Überleben zu haben. Für uns ist Führen die Kunst, die Intelligenz aller mobil zu machen und zu vereinen, um sie in den Dienst des Unternehmensziels zu stellen.

Nur mit der Intelligenz aller seiner Mitarbeiter kann ein Unternehmen den Turbulenzen und Erfordernissen seiner neuen Umgebung begegnen. Aus diesem Grund lassen unsere Unternehmen dem Personal drei- bis viermal mehr Weiterbildung angedeihen als Ihr Euren. Wir unterhalten eine interne Kommunikation mit sämtlichen Mitarbeitern und bitten alle um Vorschläge für alles Mögliche. Wir verlangen vom nationalen Erziehungssystem besser vorbereitete Akademiker, da die Industrie ständig neue Intelligenz benötigt. Eure Sozialpartner – gewöhnlich Leute mit gutem Willen – glauben, dass der Mensch gegenüber dem Unternehmen verteidigt werden muss. Wir sind realitätsnäher und denken umgekehrt, dass das Unternehmen durch die Menschen verteidigt werden muss. Auf diese Weise werden sie vom Unternehmen hundertprozentig zurückerhalten, was sie hineingesteckt haben. Am Ende sind wir ‚sozialer'."

Matsushita hat damit das Konzept der Selbsterneuerung bereits vor vielen Jahren treffend beschrieben und Möglichkeiten für wirksame Gegenmittel aufgezeigt. Bei Veränderungen kommt es also entscheidend auf die Kompetenz des Managements an. Damit Veränderungen aber wirklich gelingen, müssen alle vorhandenen Kompetenzen im Miteinander zusammenwirken. Nur so kann ein umfassendes, ganzheitliches, systemisches Denken, Fühlen, Verhalten und Handeln in Unternehmen und Organisationen entstehen.

Wenn man ein Führungsideal der Zukunft beschreiben wollte, das auf diesem Zusammenwirken aller Kompetenzen beruht, dann könnte dieses

Ideal wie folgt lauten: Es sollte keine „Nieten in Nadelstreifen", aber auch keine Sieger in Nadelstreifen geben, die nur auf Zahlen, Gewinn und Erfolg dressiert der Eigenprofilierung und Machtausübung huldigen. Es sollten vielmehr zur wirklichen und zukunftsweisenden Führung Fähige Verantwortung übernehmen, ausgestattet mit interaktiv-kommunikativer, sozialer, emotionaler und ethischer Kompetenz.

Diese ermöglichen und garantieren das Zusammenwirken von Fach-Kompetenz, Methoden-Kompetenz, konstruktiver Kompetenz, sozialer Kompetenz und Persönlichkeits-Kompetenz bei sich selbst und bei anderen. Die so ausgerüsteten Unternehmen und so orientierten Führungskräfte müssen auch nicht einer oft gewohnten Reparaturkultur frönen, sondern sie sind fähig zur Gestaltung einer Selbsterneuerungskultur durch Miteinander aller vorhandenen Kräfte. Sie installieren eine neue Kultur der Umgangsqualität und wagen den dazu notwendigen Kulturbruch. Erfolgreiche Veränderungen ergeben sich dann als gewollte und logische Konsequenz dieses Zusammenwirkens und Miteinanders.

Die daraus resultierenden inneren Werte eines Unternehmens können durch folgende Schlüsselfaktoren gekennzeichnet werden:

- gemeinsame und verbindende Ziele,

- offene Kommunikation,

- ausgeprägtes Teamgefühl,

- innovative und kreative Unruhe,

- konstruktive Konfliktlösungsfähigkeit,

- gelebte Umgangsqualität sowie

- eine Atmosphäre des Vertrauens und Dazugehörens.

Wie wir gesehen haben, spielt Kommunikation bei allen Prozessen immer eine extrem wichtige Rolle. Allerdings sind, das haben wir nachgewiesen, die Qualität und die Quantität der Kommunikation nicht wechselseitig voneinander abhängig. Ein funktional-formales Führungssystem ist aus sich heraus gar nicht in der Lage, das Kommunikations- und Informationsbedürfnis der Beteiligten angesichts der dynamischen Veränderungen zu ergründen, geschweige denn zu befriedigen.

Daher sollte die ohnehin vorhandene informelle Kommunikation im Unternehmen enttabuisiert, konsequent gefördert und konstruktiv genutzt werden. Die Mitarbeiter sind auch dann zu besonderen Anstrengungen bereit, wenn ihre persönlichen Ziele mit den Gesamtzielen ihres Unternehmens in Einklang gebracht werden können und ihnen nicht konträr entgegenlaufen. So wird jedem auch der Sinn des eigenen Handelns vermittelt.

Konflikte und ihre Lösungen dürfen und sollten keine Sieger und Besiegte hervorbringen, wie dies bisher vor allem in hierarchischen Systemen und Strukturen immer noch der Fall ist, sondern sie müssen alle, wenn auch nur ein kleines Stück, weiter voranbringen. Ohne gegenseitiges Vertrauen und eine offene Unternehmenskultur kann dies allerdings nicht gelingen. Gegenseitiges Vertrauen kann nur entstehen, wenn man sich nicht bedroht fühlt.

Als wichtigstes Gegenmittel gegen das Scheitern von Veränderungen ist deshalb die Forderung festzuhalten, sich selbst und anderen nahe zu bringen, dass in Zukunft andere Verhaltensmuster als bisher erfolgreich sein werden. Dass dies nicht einfach, sondern in den meisten Fällen durchaus schwierig sein wird, soll hier nicht verschwiegen werden. Das Konzept der Selbsterneuerung liefert uns dazu nicht nur das Rüstzeug, sondern zeigt, wie wir gesehen haben, einen anderen Weg mit einer anderen Denk- und Geisteshaltung und einer anderen Umgangsqualität.

## Was eine Kultur der Umgangsqualität prägt

Wenn man ein Fazit ziehen wollte, warum Veränderungen scheitern, so können wir als erste Hauptforderung festhalten, dass wir in unseren Unternehmen zunächst einmal eine Veränderungskultur zulassen müssen. Das bedeutet konkret, dass wir die in unseren Köpfen herrschende Verwaltungsmentalität und Funktionsorientierung verändern müssen in Richtung einer Qualität des Miteinander und einer Kultur der Umgangsqualität. Meistens erfordert dies, wie wir schon mehrfach betont haben, einen Kulturbruch, den es zu wagen und anzupacken gilt.

Wir müssen Veränderungskräften die notwendigen Chancen, die Zeit und den Raum zur Entfaltung geben, damit sie nicht vertrocknen, ehe sie auch nur zum Erblühen ansetzen konnten. Wir müssen, um es auf einen einfachen Nenner zu bringen, veränderungsfähig werden. Viele Fehlschläge resultieren daraus, dass an Veränderungen zu ungeduldig und kurzsichtig herangegangen wird, wenn einzelne Teilerfolge nicht, wie vielleicht erhofft, sofort den großen Veränderungssog auslösen.

Was zeichnet also eine solche Kultur der Umgangsqualität als Gegenentwurf zu der Top-Down-Kultur aus? Sie ist gekennzeichnet durch Offenheit, Ehrlichkeit, Kritikfähigkeit, Kreativität, innovationsfreundliches Klima und nicht zuletzt durch die Bereitschaft zu persönlicher Verantwortung und Bescheidenheit bei jedem Einzelnen. Nicht letzte Instanz als Entscheidungsgremium, sondern Koordinator, begeisternder Motivator und Dienstleister für seine Mitarbeiter zu sein, ist die herausragende Aufgabe eines zukunftstauglichen Managements. Das heißt, andere Menschen zu entwickeln und zu fördern, statt sie abhängig zu halten. Die Mitarbeiter werden als gleichberechtigte Partner angesehen, mit denen man etwas bewegen und erreichen will.

Eine solche Kultur der Umgangsqualität lässt Ängste und Unsicherheiten erst gar nicht aufkommen, die wir als eine der Hauptfeinde von Kreativität, Innovation, Leistungsbereitschaft aber auch von erfolgreichen Veränderungen ausgemacht haben. Diese Kultur der Umgangsqualität fördert die Mobilisierung aller vorhandenen Potenziale und erteilt bisherigem funktionalem Arbeits-, Bereichs- und Hierarchiedenken eine deutliche Absage. Diese Kultur ersetzt Macht- und Einflussstrukturen der Top-Down-Kultur in unseren Unternehmen und Organisationen durch selbstmotivierende, selbststeuernde und sich selbsterneuernde Kräfte von Gruppen, Teams, Netzwerken und Beziehungsgeflechten. Diese neue Kultur verbindet statt zu spalten, führt zusammen statt abzuteilen.

Diese Kultur der Umgangsqualität führt dann zu einer wirklich umfassenden, ganzheitlichen und tief greifenden Qualitätsorientierung, die sich nicht nur auf Produkte und Prozesse beschränkt, sondern auch die Beteiligten und deren Umgang miteinander (Beziehungen) einbezieht, ob Kunde, Lieferant, Marktteilnehmer, Mitarbeiter oder Führungskraft.

In der praktischen Konsequenz bedeutet die Verbesserung der Umgangsqualität, sich nicht an umfassenden, akribischen, detaillierten und langatmigen Plänen und Konzepten festzuhalten, sondern die dringlichsten Aufgaben und Probleme konsequent und Zug um Zug anzupacken und zu lösen, und zwar mit den Menschen hin zum Markt. Denn wie die Menschen in einem Unternehmen miteinander umgehen, so werden sie auch von ihren Kunden im Markt erlebt.

Diese Kultur der Umgangsqualität begegnet den vielen und überall anzutreffenden diskontinuierlichen Veränderungen, Unsicherheiten und Instabilitäten mit einer hohen Veränderungsbereitschaft, Flexibilität, Lernfähigkeit und kreativen Lösungsbereitschaft.

Veränderungen müssen also nicht prinzipiell scheitern. Wir haben die größten Hürden, die häufigsten Fehler und die wirksamsten Gegenmittel ausgemacht. Für den Umgang mit Veränderungen, für das Management des Wandels gibt es – das sei hier nochmals hervorgehoben – keine umfassenden oder allgemeingültigen Erfolgsrezepte. Es gibt aber, wie wir gezeigt haben, Ansatzpunkte und Regeln, die wir beachten können. Es gibt gravierende Fehler, die wir vermeiden können. Es gibt Gegenmittel, die uns helfen können. Verändern müssen wir aber vor allem unsere bisherigen Denk- und Verhaltensweisen. Dazu gehören selbstverständlich Visionen, Mut, Optimismus, Professionalität, umfassende Kompetenz, Kreativität, Intelligenz und Durchhaltevermögen.

Für die Kultur der Umgangsqualität ist es wichtig, dass Manager und Führungskräfte erkennen, dass Menschen sich entwickeln wollen, dass sie Zielsetzungen brauchen und mittragen wollen. Auch Führungskräfte sind Menschen, die den gleichen Bedingungen unterliegen. Sie haben aber in Wirtschaft und Gesellschaft eine Vorbildfunktion und die Aufgabe, Veränderungsprozesse nicht nur zu begleiten, sondern auch anzustoßen. Nicht selten geben sie sich bei Veränderungsprozessen allerdings immer noch mit einer Zuschauerrolle zufrieden, statt sich voll einzubringen.

Qualitätsmanagement in der Kultur der Umgangsqualität bedeutet konkret: das Wollen fördern! Das erforderliche Wissen und die notwendige Kompetenz vermitteln! Den Weg zum Können ebnen! Den Fähigkeiten den notwendigen Freiraum zur Entfaltung geben! Das Dürfen und Umsetzen sichern und so die vorhandene Vielfalt nutzen!

Die Basis dafür sind Anerkennung und Entfaltungsmöglichkeiten, gezielte Qualifizierung und Entwicklung von Kompetenzen, Bereitstellung der notwendigen Mittel und Beseitigung von erkannten Hindernissen. Das Ergebnis werden Erfolg und Zufriedenheit sein, und zwar sowohl beim jeweiligen Mitarbeiter als auch bei den Kunden. Die Qualität des Miteinander ist der Grundpfeiler für jeglichen Erfolg. Die Qualität des Umgangs entsteht aus einem natürlichen Streben und sie ist grenzen- und zeitlos. So kann eine Kultur der Umgangsqualität gelingen.

Für die Führung in dieser neuen Kultur der Umgangsqualität lassen sich folgende Regeln ableiten:

1. Das Pyramidendenken auf den Kopf stellen: Veränderungen brauchen die Kreativität und Mitwirkung aller.

2. Mitarbeiter und Betroffene rechtzeitig und umfassend an Veränderungsvorhaben beteiligen: Nur so können alle Perspektiven wirklich berücksichtigt und integriert werden.

3. Den Abbau von Bereichs-, Ressort und Abteilungsdenken fördern: Veränderungen und Entwicklungen können bei zunehmender Komplexität nur im Miteinander bewältigt werden.

4. Eine auf Vertrauen und Offenheit basierende Zusammenarbeit vorleben: Nur so kann das im Unternehmen schlummernde Potenzial geweckt werden.

5. Das Unternehmen so organisieren, dass die Entscheidungs- und Sachkompetenz möglichst zusammen in einer Hand am eigentlichen Ort des Geschehens liegen: Mitarbeiter sind durchaus in der Lage, ihre Arbeit zu planen und effizient auszuführen, wenn man sie dazu anleitet und zu einer solchen Arbeitsweise hinführt.

6. Kreativität und Fähigkeiten vieler für die künftigen Aufgaben einsetzen: Schaffen Sie deshalb ein Klima, in dem aus Fehlern gelernt werden kann. Reduzieren Sie Regeln und Anweisungen auf das notwendigste Minimum. Fördern Sie stattdessen den konstruktiven Umgang miteinander.

7.  Verabschieden vom Mythos der Beherrschbarkeit und Berechenbarkeit: Menschen, Mitarbeiter, Märkte, Organisationen und Unternehmen müssen in Zukunft sehr viel mehr verstanden werden.

8.  In Menschen und deren Potenziale investieren: Die fachliche, persönliche, konstruktive, kreative, soziale, mentale, intuitive und partizipative Kompetenz der Mitarbeiter und des Managements sind das eigentliche Potenzials eines Unternehmens. Dies kann nicht ohne Weiteres ausgetauscht oder kopiert werden.

*Fazit:* Menschen, Mitarbeiter, Kunden, Märkte, Prozesse, Organisationen und Unternehmen müssen verstanden werden, wenn man im Sinne der Kultur der Umgangsqualität ein Ziel mit ihnen erreichen will. Die Nur-Rationalität, die einen kommunikativen Zugang zu anderen eher verbaut als öffnet, reicht nicht mehr aus. Das eigentliche Potenzial des Unternehmens liegt in der umfassenden Kompetenz der Mitarbeiter und des Managements. Dies kann nicht ohne Weiteres ausgetauscht oder kopiert werden. Manager und Führungskräfte der Zukunft sind Entwicklungsexperten menschlicher Potenziale, sie schaffen ein Klima des Vertrauens und des Miteinander, das Kunden, Lieferanten, Mitarbeiter und Management verbindet. Sie stärken Fähigkeiten, entwickeln Kompetenzen und erschließen neue Innovationspotenziale. So können sie mit der Kultur der Umgangsqualität neuen Anforderungen gerecht werden.

*Durchstarten aus eigener Kraft* bedeutet dabei, dass der Wandel von innen heraus kommt und alle Teile des Unternehmens von oben her, aber gleichermaßen erfasst. Die Voraussetzungen für einen erfolgreichen Wandel lauten deshalb wie folgt:

−  Permanentes Lernen muss zum Selbstverständnis werden.

−  Wettbewerbsvorteile werden von allen gemeinsam erarbeitet.

−  Alle fühlen sich der Leistungs- und Wettbewerbsfähigkeit persönlich verpflichtet.

−  Die Selbstverpflichtung der Mitarbeiter setzt ihre Ermächtigung zur Eigeninitiative und die Möglichkeit zur Selbstverantwortung und Selbstkontrolle voraus.

−  Der Wandel kommt so von innen.

- Wandel und Veränderung dürfen nicht eines von mehreren gerade laufenden Projekten sein, da sie sonst an den Barrieren scheitern, die sie eigentlich wegräumen sollten.

- Wandel ist, ganz gleich an welcher Stelle, nie delegierbar. Wandel ist eine ständig neue und permanente Aufgabe.

Wenn das Management Wandel also erfolgreich umsetzen will, muss es nicht nur den Wandel managen, sondern man muss auch die Art zu managen wandeln.

Was dies bedeutet, haben wir bei der Berücksichtigung der ungeschriebenen Gesetze und Regeln in einem Unternehmen gezeigt. Erstaunlich ist, dass die Ursachen für Widerstände häufig nicht primär in dem Wandel an sich, sondern in der Art und Weise begründet sind, wie konkret die Notwendigkeit des Wandels kommuniziert und in welcher Weise die Betroffenen in die Erarbeitung der Maßnahmen einbezogen werden. Wenn man die Mitarbeiter nicht als Sanierungsobjekt, sondern als Mitunternehmer am Unternehmen ‚Sanierung' begreift, ergeben sich ganz andere, wenn auch sehr komplexe Perspektiven.

Selbsterneuerung durch Miteinander heißt in diesem Sinne, miteinander und voneinander ständig und immer wieder neu zu lernen und sich weiterzuentwickeln. Und dies gilt dann nicht nur für Unternehmen und Organisationen, sondern gleichermaßen für Gesellschaften, Regionen, Länder, nationale und kulturelle Gemeinschaften, überregionale Organisationen und internationale Zusammenschlüsse.

# 9 Was Zukunftsunternehmen auszeichnet

*„Jede Zeit hat ihre Signatur,*
*wenn auch nicht immer klar*
*und nicht immer eindeutig.*
*Die Signatur unserer Zeit*
*ist nicht klar,*
*doch in ihrer Unklarheit*
*liegt eine Chance."*

*Jürgen Mittelstraß*

Schauen wir uns erfolgreiche Unternehmen an, so lautet die einleuchtende Botschaft fast immer: Verbinde Menschen, Ideen, Fähigkeiten, Kompetenzen, Strategien, Organisationen, Kunden, Umfeld und Umwelt, innen und außen konstruktiv miteinander! Dies erscheint zunächst nicht weiter schwierig. Und die meisten Führungskräfte, aber auch Mitarbeiter verstehen diese Botschaft. Was viele aber nicht direkt sehen ist, wie schwierig das komplexe Zusammenspiel von Menschen, Strategien, Organisationsstrukturen und Kunden zu beherrschen ist und wie wichtig, ja alles entscheidend dieses Zusammenspiel für den Erfolg und für das Fortbestehen eines Unternehmens ist.

Oft genug verbrauchen Führungskräfte mehr als zwei Drittel ihrer Energie und Zeit für interne Angelegenheiten, Abstimmungen oder Reibereien. Die Schlussfolgerung, dass dies auf einer falschen Unternehmenskultur, nämlich einer nicht vorhandenen Kultur der Umgangsqualität beruht, ist nicht von der Hand zu weisen. Schlechte oder mittelmäßige Leistung wird aber immer weniger tolerabel, auch beim Management. Sie wird auf den Märkten immer weniger Abnehmer finden. Der interne Energie- und Ressourcenverbrauch muss deshalb - wie wir gezeigt haben - optimiert und seine Produktivität erhöht werden. Dies lässt sich, wie deutlich wurde, mit dem Konzept der Selbsterneuerung erreichen und auf einen effizienten und produktiven Einsatz hin lenken.

Wenn aber Kreativitäts- und Innovationshindernisse und -killer an vielen Ecken und Enden vorherrschen, sind dies die größten Hindernisse auf dem Weg zur Selbsterneuerung. Man kann diese ‚Killer' auch als Beugungsgewalt entlarven: Wenn zum Beispiel in Stellenanzeigen gesuchte Top-Manager üblicherweise als kompetente Führungspersönlichkeiten beschrieben werden, auf die in einem ‚eingespielten Vorstandsteam' eine ‚reizvolle Aufgabe' wartet, so heißt dies im Klartext meist, dass jeder Neue von den offenen Messern der Eingesessenen erwartet wird und dass seine reizvolle Aufgabe darin bestehen wird, eine Geistes- und Körperhaltung einzunehmen, die in das eingespielte Team ‚nahtlos' passt. Das Schlimmste bei dieser oft anzutreffenden Beugungsgewalt ist aber, dass sie sich meist durch das gesamte Unternehmen zieht. Auch die sogenannten ‚Indianer' haben sich nahtlos in die Organisation und die Strukturen einzupassen. Diese Kultur wird sozusagen perpetuiert. Keiner kommt mehr auf die Idee, dass sie zum größten Hindernis werden kann.

Spitzenfirmen und solche, die die Selbsterneuerung als Überlebensgarant erkannt haben, besitzen und pflegen eine andere Unternehmenskultur. Sie haben begriffen, dass sich hinter einer akuten Kosten- oder Marktkrise in den meisten Fällen eine viel gravierendere Innovations- und Strukturkrise verbirgt, also ein Mangel an Innovationsfähigkeit und Innovationskompetenz, den wir in unserer Analyse deutlich herausgestellt haben. Deshalb ist in zukunftsorientierten Firmen Unternehmenskultur nicht Selbstzweck, sondern sie schafft das Umfeld und die optimalen Bedingungen für eine umfassende Mobilisierung der vorhandenen Kräfte (Ressourcen und Energien) im Unternehmen. Sie ist sozusagen der Nährboden, auf dem die Selbsterneuerung wächst und gedeiht. Und diese gelebte Kultur wird, wie wir gesehen haben, geprägt von einem Miteinander zwischen Personen, Bereichen, Disziplinen, Fähigkeiten, Organisationen oder Systemen. Sie wird geprägt von einem kommunikativen Austausch und von sozialer Kompetenz. Sie zeichnet sich als eine täglich gelebte Kultur mit hoher Umgangsqualität aus.

Künftige Spitzenfirmen, so verstanden, werden deswegen erfolgreich sein, weil sie ständig intensiv daran arbeiten, äußerst unterschiedliche und häufig miteinander kollidierende Interessen in Einklang zu bringen. Sie haben die Botschaft des Miteinander nicht nur verstanden, sondern auch verinnerlicht und zur Maxime ihres Handelns gemacht. Ob sie sich damit schon auf den Weg zur Selbsterneuerung begeben haben, wird die Bewältigung der künftigen Veränderungen zeigen. Zweifellos aber haben sie einen Schritt in die richtige Richtung getan.

„Allein vermögen wir nichts, gemeinsam alles." Diese alte Weisheit scheint sich am Beginn des neuen Kondratieff-Zyklus auf eine neue, aus der Notwendigkeit zum Wandel und zur Veränderung resultierende Weise zu verwirklichen.

Das Bundesverfassungsgericht hat in seinem Mitbestimmungsurteil vom 1. März 1979 (Art. 9 GG) – im Zusammenhang mit dem Recht, Vereine und Gesellschaften zu bilden – folgendes festgestellt: „Das Bild des Menschen ist nicht das des isolierten und selbstherrlichen Individuums, sondern das der gemeinschaftsbezogenen und gemeinschaftsgebundenen Person, die von verfügbarem Eigenwert zu ihrer Entfaltung auf vielfältige zwischenmenschliche Bezüge angewiesen ist."

Dies entspricht dem Bild des Menschen als „zoon politikon" im alten Griechenland, das für ein geselliges, gemeinschafts- und gesellschaftsfähiges Wesen steht. Frei können nur Individuen sein, die nicht sozial isoliert und voneinander abgeschnitten sind; sie müssen miteinander in Beziehung stehen und in eine Gemeinschaft eingebunden sein, um ein Wir zu bilden und zu leben.

Wenn heute immer noch viele Humanisierung der Arbeit, Schaffen von Freiräumen und Motivation aus sich selbst heraus mit Kostensteigerung gleichsetzen, dann haben sie die Botschaft des Miteinander nicht verstanden und schon gar nicht verinnerlicht. Sie haben die herrschende Verschwendung der vorhandenen Ressourcen (Mitarbeiter) und Energien (Wissen und Können) nicht wahrgenommen. Sie haben auch die Notwendigkeit zur Selbsterneuerung nicht erkannt. Denn genau hier liegen die Potenziale für Produktivitätssteigerungen und künftige Leistungen. Genau dies muss als *die* Rationalisierungsreserve im Sinne der Selbsterneuerung schlechthin erkannt werden.

Eine partnerschaftliche Zusammenarbeit im Sinne des hier propagierten Miteinander wird geprägt von Kommunikation statt Information, von Vertrauen statt Kontrolle, von Offenheit statt Starrheit, von

Kooperation statt Feindbildpflege, von Öffnung statt Abschottung und von Beteiligung statt Abgrenzung. Das Ergebnis ist ein Motivations- und Leistungsschub von innen, aus dem Unternehmen und den Mitarbeitern heraus, der es ermöglicht die vorhandenen Reserven und Potenziale zu aktivieren.

Wer aber Angst hat, verriegelt die Tür. Unternehmen, die die Auswirkungen von konjunkturellen Schwankungen fürchten, laufen Gefahr, Opfer dieser allzu menschlichen Reaktion zu werden. Sie schotten sich ab, anstatt neue Möglichkeiten zu suchen. Und dies gilt sowohl nach innen als auch nach außen. Wo Angst herrscht, findet man Jasager, Duckmäuser und Angepasste. Inkompetenz vervielfacht sich und zieht Inkompetenz nach sich. Struktur- oder Innovationskrisen werden nicht wirklich erkannt, sondern auf äußere Faktoren zurückgeführt. Fehlentwicklungen auch im Personalmanagement laufen dann Gefahr zur geltenden Norm im Unternehmen zu werden.

Führung sollte deshalb als Service, als eine Dienstleistung für die Mitarbeiter verstanden werden. Und diese Leistung muss bewusst erbracht werden. Veränderungsmanagement braucht man in guten wie in schlechten Zeiten. Es geht immer darum, das Unternehmen wettbewerbsfähig zu erhalten, die Marktposition und die Produktivität zu verbessern. Wenn sich Organisationen verkrampfen und verstärkt Kontrollmechanismen eingebaut werden, statt offener zu führen, kommt erst richtig Angst auf. Im Grunde genommen müsste es unter großem Problemdruck genau umgekehrt sein: Kontrollen müssten abgebaut und Freiräume für neue Lösungen eröffnet werden. In diesem Sinne entfaltet die Selbsterneuerung, wie wir gesehen haben, auch eine andere Kontrolle, eine Kontrolle von innen aus sich selbst heraus und von den Betroffenen ausgehend.

## Kommunikative Kompetenz im Konzert aller Kräfte

Kommunikation und kommunikative Kompetenz stehen in der Rangfolge künftiger Erfolgsfaktoren an oberster Stelle. Das Management muss lernen, die einzelnen Leistungen und Produkte mit den Augen des Mitarbeiters, den Augen des Kunden, kurz: den Augen anderer, zu sehen. Es muss lernen, Macht und Verantwortung wirklich abzugeben und zu teilen. Es muss lernen, dass Mitarbeiter und Kunden für das Unternehmen gleich wichtig sind. Und es muss lernen, dass Unternehmen nur im Miteinander von Kunde und Mitarbeiter, im Miteinander unterschiedlicher Ansätze, im Miteinander verschiedener Wege und im Miteinander aller langfristig Erfolg haben können.

Helmut Schmidt hat einmal gesagt: „Mut zur Zukunft setzt nicht notwendigerweise voraus, dass wir sicher sein können, was in Zukunft passiert. Mut zur Zukunft hat nichts mit Leichtfertigkeit zu tun. Mut zur Zukunft schließt den Willen zur Verantwortung für diese Zukunft ein. Was wir daraus machen, das haben wir vor den Zukünftigen zu verantworten." Genau dies ist auch die Verantwortung für das Management der Zukunft, genau darin liegt die eigentliche Qualifikation zum Erfolgsmanagement. Und hier schließt sich der Kreis des Miteinander auch mit künftigen Generationen, mit der Diskussion um den Standort Deutschland, mit der Diskussion um die Verantwortung im wirtschaftlichen, politischen und gesellschaftlichen System und dessen Weiterentwicklung und der Diskussion unser Handeln und Wirtschaften endlich auf eine Nachhaltigkeit auszurichten.

Was haben wir also mit dem Konzept der Selbsterneuerung und der neuen Kultur der Umgangsqualität gelernt? Wir haben gesehen, dass wir auf der Basis unseres bisherigen Handelns und unseres bisherigen Erfolges allein nicht weitermachen können. Wir brauchen eine Kultur der Selbsterneuerung, anstatt an allen Ecken und Enden ständig nur zu reparieren, um die dadurch verursachten Ausschläge ins Gegenteil wieder einer Reparatur unterziehen zu müssen. Selbsterneuerung zeigt uns einen Weg aus diesem Teufelskreis der Reparatur und des Weiter-wie-Bisher.

Wir haben gelernt, dass Kommunikation und Umgang miteinander aus dem Dunstkreis eines unproduktiven Sektors und aus der Ecke einer exotischen Disziplin herausgetreten sind. Wir dürfen sie deshalb auch nicht mehr ‚gerade so im Vorbeigehen' erledigen, wenn uns dafür die Zeit übrig erscheint. Eine wirksame, echte Kommunikations- und Umgangskultur braucht die uneingeschränkte Unterstützung aller im Unternehmen. Notwendig ist also eine auf Kommunikation, auf Miteinander, Mitteilen und auf Offensein ausgerichtete Denkweise, die von der Unternehmensspitze, dem Top-Management ausgeht und auf alle Bereiche und Abteilungen ausstrahlt. Eine solche Kultur fördert Selbstverantwortung, Kreativität, Eigeninitiative und schafft schließlich einen außergewöhnlichen Nutzen für andere. Sie führt zu einer anderen Leistungs- und Umgangsqualität.

Wir müssen akzeptieren, dass es viele verschiedene Methoden, Ansätze, Herangehensweisen und Konzepte gibt, die alle für eine bestimmte Situation oder Problemstellung sinnvoll eingesetzt werden können. Wir müssen aber genauso erkennen, dass damit kein einfaches und allgemeingültiges Erfolgsrezept zur Verfügung stehen kann, auch wenn wir dies noch so sehr wünschen und immer wieder suchen.

Wir müssen imstande sein, Veränderungskräften Chancen, Zeit und Raum zu geben, sich zu entfalten, das heißt, eine Veränderungskultur zuzulassen, eine Kultur der Umgangsqualität zu installieren und zu pflegen sowie selbst veränderungsfähig zu werden.

Wir müssen bereit sein, immer wieder neu- und dazuzulernen, um die geistige Grundhaltung, eine mentale Fitness, zu erreichen, die es ermöglicht, verschiedene Stärken in einem Miteinander zu neuen positiven Kräften zu bündeln. Die Herausforderung für Unternehmen heißt, die kritische Masse in einer mentalen und kommunikativen Fitness zu erreichen, um für Veränderungen und Turbulenzen gerüstet zu sein.

Wir müssen eingestehen, dass wir alle nicht vollkommen sind und immer wieder Fehler machen, trotz fester und guter Vorsätze. Wir müssen noch stärker lernen Fehler zu akzeptieren. Deshalb sollten wir den neuen Tatsachen ins Auge sehen und versuchen, sie in unser Handeln einzubeziehen. Dies schaffen wir aber nicht, wenn wir ständig und überall gegeneinander arbeiten. Wir schaffen es auch nur in einem Miteinander aller, in einem Bewusstsein, dass es ohne den anderen nicht geht.

Wir müssen schließlich erkennen, dass wir in Situationen, in denen Wandel und Komplexität dominieren, nicht starke Strukturen sondern starke Fähigkeiten brauchen. Und diese Fähigkeiten müssen sich zum Teil erheblich von den bislang gepflegten unterscheiden. Um in Zukunft erfolgreich zu sein, werden andere Verhaltensmuster und andere Leistungsorientierungen notwendig als bisher.

Das Ziel heißt Selbsterneuerung. Diese zeigt aber gleichzeitig auch den Weg dorthin, zu einer Art virtueller Leistungsorganisation, bei der verschiedene Partner, die sich jeweils auf ihre spezifischen Fähigkeiten und Kompetenzen konzentrieren, komplexe Anforderungen (zum Beispiel von Kunden) gemeinsam, quasi aus einer Hand, erfüllen. Dieses Zusammenspiel führt zu fruchtbaren Wertschöpfungspartnerschaften und -allianzen, Wertschöpfung also in und durch Miteinander.

Wenn wir zweifelsohne auch weiterhin der Gefahr ausgesetzt sind, dass wir Opfer einer geistigen Schlankheit zu werden drohen (dieser Gefahr unterliegen wir täglich), dann zeigt uns das Konzept zur Selbsterneuerung einen lohnenden und zukunftsweisenden Ausweg. Und wenn der Umbau und die Neuausrichtung im Sinne dieser Selbsterneuerung nur zögernd vorangehen sollten, dann liegt dies an den Grenzen in unseren Köpfen, die oft genug selbst errichtet sind. Wandel und Veränderungen, die es schon immer gegeben hat – wir haben dies an den vielen behandelten Beispielen gesehen –, erfordern, dass wir das Pyramidendenken auf den Kopf stellen, dass wir die Grenzen und Barrieren in unseren Köpfen endgültig erkennen und zu ersetzen versuchen.

Das Wesen der menschlichen Existenz besteht nicht darin, dass wir im Sinne eines faktischen Seins leben (so bin ich nun einmal, so bleibe ich auch und werde nie anders). Wir leben und existieren vielmehr in einem fakultativen Sinne, das heißt: Für uns gilt nicht das Postulat des Unabänderlichen und Nicht-anders-Können, sondern das Postulat des Anders-Werden-Können, des Sich-Verändern und Anpassen-Können. Dies ist charakteristisch für jedes Leben.

Wer wagt, riskiert etwas; wer nicht wagt, riskiert alles und kann nicht gewinnen. Und genau darin liegt das ewig Gleiche und dennoch immer wieder Neue. In diesem Sinne müssen wir auch einen notwendigen Kulturbruch wagen und nicht fürchten, sondern die damit verbundenen Chancen und neuen Möglichkeiten in den Vordergrund rücken.

# 10 Ankommen in einer anderen Welt

*„Eine lernende Organisation ist ein Ort,*
*an dem Menschen kontinuierlich entdecken,*
*dass sie ihre Realität selbst erschaffen."*

*Peter M. Senge*

Mit diesem Buch habe ich nicht die Absicht verfolgt, Ihnen, den Leserinnen und Lesern, ein direkt anwendbares „Rezept" an die Hand zu geben, das Sie unmittelbar einsetzen und mit dem Sie kurzfristige Erfolge erzielen können. Abgesehen davon bin ich der festen Überzeugung, dass es solche Rezepte immer weniger geben wird, weil sie für die komplexen und umfassenden Aufgaben nicht tauglich sind. Ich habe vielmehr versucht, mit hergebrachten und eingefahrenen Verhaltens- und Denkweisen sowie Denkhaltungen zu brechen, Verkrustungen aufzuzeigen, Ansichten in Frage zu stellen, wachzurütteln und daraus Perspektiven für ein anderes, zukunftsorientiertes Management abzuleiten sowie Handlungsimpulse für eine andere, zukunftsweisende Führung und Unternehmenskultur zu geben.

Eine solche Führung ist für die vor uns liegenden Aufgaben besser gerüstet. Sie nimmt Unsicherheiten in Kauf und greift nicht nach den alten, sicheren und linearen Regeln. Sie denkt nicht nur in Rationalitätskategorien, sondern ist sich der ganzheitlichen Zusammenhänge jeglichen Handelns bewusst. So können auch ganz andere Chancen erkannt werden, die - wie wir gesehen haben - in den vielen Potenzialen, Energien und Ressourcen schlummern.

Dieses Buch beansprucht auch keine Vollkommenheit, sondern geht hier und da bewusst Kompromisse ein. Aber auch Kompromisse folgen dem hier propagierten Prinzip des Miteinander, wenn es sich nicht um ‚faule' Kompromisse handelt.

Wenn es mir aber gelungen ist, eine Orientierung für die Dringlichkeit von Veränderung und Wandel, von neuen Denkhaltungen, Verhaltensweisen und einer echten Verantwortung zu geben, dann hat dieses

Buch ein wichtiges Ziel erreicht. Neue Leitideen mit neuen Impulsen sind erforderlich. Wir können nicht erst reagieren, wenn eine Katastrophe (hier könnten zum Beispiel Fukushima und die Umwälzungen in den arabischen Ländern eine Weggabelung markieren) eingetreten ist oder andere uns den Weg gewiesen haben bzw. mit erfolgreichen Beispielen vorangegangen sind.

„Noch nie ist etwas Großes geschaffen worden, ohne dass einer geträumt hätte, es solle so sein, dass einer geglaubt hätte, es könne so sein, und einer überzeugt war, es müsse so sein." Diesen Worten des Ingenieurs und Unternehmers Charles F. Kettering entsprechend hoffe ich, einen Beitrag zu diesem neuen Impuls in Richtung einer Selbsterneuerung und einer neuen Kultur der Umgangsqualität geleistet zu haben. Der Leser möge selbst entscheiden, was er für sich und für sein Wirken im Alltag mitnehmen möchte und was er in seinem Umfeld umsetzen kann. Deshalb sollen am Schluss die Gedanken am Beispiel eines Orchesters nochmals verdeutlicht und zusammengefasst werden.

Jedes einzelne Musikinstrument ist für sich genommen eine Einheit mit individuellen Eigenschaften, Fähigkeiten, Stärken, Möglichkeiten und Potenzialen. Jeder einzelne Spieler ist als Individuum ein Experte, der sein Instrument beherrscht und das Beste aus diesem herausholen kann. Das Instrument bietet also eine Vielfalt an, die jedoch nur durch den Spieler mit seinen individuellen Fähigkeiten zur Entfaltung gebracht werden kann. Das Instrument im Unternehmen können Maschinen, Werkzeuge oder auch Wissen und Kompetenz sein, die Spieler sind die Menschen und Mitarbeiter. Aber erst im guten Zusammenspiel, im Miteinander entsteht ein Konzert, entsteht Harmonie und umfassender Musikgenuss, kurz: das Kunstwerk in seiner Vollendung. Um dies zu erreichen, müssen alle einander zuspielen, ihr Bestes geben und der gemeinsamen Musik dienen.

Ein gutes Konzert lässt die persönlichen Fähigkeiten und Potenziale ausreichend zur Geltung kommen und dadurch zu einer überzeugenden gemeinsamen Leistung verschmelzen. Führen und sich führen lassen wechseln einander ab.

Sicherlich sind eine Sinfonie oder ein anderes Musikstück bereits von jemandem komponiert worden, bevor sie gespielt werden. Aber jede Aufführung hat ihre individuellen Seiten, jedes Spiel hat eine eigene, einmalige Interpretation. Die Musiker erzeugen jedes Mal ein eigenes, neues und individuelles Kunstwerk genau zu dem Zeitpunkt ihres jeweiligen Auftritts. Jeder Spieler hat dabei bestimmte Sequenzen, bei denen er besonders gefordert ist, bei denen er nicht nur sein eigenes Talent entfalten, sondern auch alles aufbieten kann und muss, was sein Instrument hergibt. Die Stärke eines Konzerts liegt im Miteinander und der ständigen Selbsterneuerung von Melodien, Rhythmen, Motiven und musikalischen Bildern und Klangfolgen.

Dieses Miteinander und diese Selbsterneuerung sind notwendig, um die Ganzheit der gemeinschaftlichen Leistung zu erreichen und zu einem vollendeten Ergebnis bzw. Erfolg zu gelangen. Wie weit aber ist dieses Bild des guten und erfolgreichen Orchesters von der vielfach herrschenden Realität in unseren Unternehmen entfernt? Dort treffen wir mehr auf ein Gegeneinander statt ein Miteinander. Dort herrschen immer noch Bereichsdenken und Gerangel um Entscheidungsbefugnisse, Einfluss und persönliche Vorteile statt Orientierung am gemeinsamen Tun und Erfolg. Dort herrscht eine Umgangsqualität, die eher spaltet statt miteinander zu verbinden. Das Gleiche gilt für viele unserer gesellschaftlichen Verhältnisse und Probleme. Um aber eine schöne Melodie zu erhalten, muss man auch alle Tasten eines Klaviers spielen und beherrschen.

So ist dieses Buch entstanden in dem Bewusstsein, dass wir unsere bisherigen Wege verlassen müssen, weil sie nicht mehr zukunftstauglich sind. Dieses Bewusstsein wird sich nach der Katastrophe von Fukushima, nach den gesellschaftlichen und politischen Umwälzungen in den arabischen Ländern, aber auch angesichts der immer noch ungelösten Probleme im Zusammenhang mit der Finanzkrise oder der Schuldenproblematik in der Euro-Zone auf breiter Front weiter schärfen. Das gilt für Einzelpersonen, Gruppen, Organisationen, Unternehmen, Parteien, Regierungen genauso wie für Kommunen, Regionen, Nationen und Länder. Die jüngsten Bestrebungen zur Nachhaltigkeit, zur Energie- und Ressourcenproduktivität in allen Bereichen zeigen dies deutlich.

Dieses Buch ist entstanden, weil wir dringend einen Spiegel brauchen, der uns gleichzeitig eine Rückbesinnung und Reflexion aber noch mehr auch ein Nach-vorne-Blicken mit neuen Aussichten ermöglicht.

Ich bin darauf eingegangen, dass es normalerweise nur selten Möglichkeiten und kaum Instrumente gibt, sich den Zwängen der jeweiligen Situation wirklich zu entziehen, um für Veränderungen oder auch Verbesserungen offen zu werden. Das größte Hindernis sind meistens wir selbst, das heißt unsere eingefleischten Verhaltensweisen und Denkmuster, unsere Gewohnheiten, unser Tun und unser tägliches Blickfeld. Auch beim Schreiben dieses Buches war es gedanklich notwendig, sich Zwängen und dem Umfeld zu entziehen und sich inspirieren zu lassen von einem anderen Blickwinkel, einer anderen Sichtweise. Das hier vorliegende Ergebnis ist – wie ich glaube – ein gutes Beispiel dafür, wie etwas entstehen kann, ohne dass von vorneherein klar ist, wie das Endergebnis im Einzelnen aussehen oder wohin die gedankliche Reise letztlich führen wird. Genau diese Offenheit brauchen wir für den notwendigen Bewusstseinswandel, für die Selbsterneuerung und für eine Kultur der Umgangsqualität, wie sie in diesem Buch entwickelt wird.

Schon Goethe stellte fest, dass die größten Schwierigkeiten meist dort liegen, wo wir sie nicht suchen. Wir haben diese Schwierigkeiten unter anderem bei der rationalen und linear-analytischen Denkweise, der Strukturgläubigkeit und den üblichen Planungsritualen ausgemacht. Und genau dort suchen wir sie normalerweise nicht. So ist uns auch unsere oft sehr ausgeprägte Reparaturmentalität im Alltag nicht bewusst, obwohl sie einen Großteil unseres Handelns bestimmt. Deshalb habe ich Sie, die Leserinnen und Leser, in diesem Buch mitgenommen auf eine Reise zur Wiederentdeckung des Miteinander. Das Ziel ist es, eine Erneuerungsfähigkeit für Organisationen, Unternehmen und unsere Gesellschaft zu erreichen. Solche zur Selbsterneuerung fähigen Systeme – und es gibt dazu unzählige Vorbilder in der Natur – bewegen sich durch die unterschiedlichsten Beziehungsnetzwerke, wobei sie ihre Stärken im Entwickeln und Nutzen intersystemischer, interdisziplinärer und interpersoneller Beziehungen mit hoher Flexibilität einsetzen und auf diese Weise überdurchschnittliche Erfolge erzielen können.

Die Botschaft lautet: Kräfte mobilisieren und austauschen, Menschen beflügeln und Neues anpacken. Während in den vergangenen zehn Jahren das Misstrauen gegenüber Politik und Wirtschaft enorm gewachsen ist, stellen wir auf der anderen Seite fest, dass das Vertrauen in zwischenmenschliche Beziehungen zunimmt. Mittlerweile findet in vielen Bereichen eine Abkehr von einem ausschließlich auf Konsum basierenden Wohlstandsstreben statt. Wohlstand wird heute und in Zukunft anders definiert werden. Wohlstand wird im Sinne von persönlichem und sozialem Wohlergehen verstanden und wird damit auch andere Denk- und Verhaltensweisen zur Folge haben.

In einer Welt, in der Unternehmen und Organisationen sich durch die Qualität und Kompetenz der Mitarbeiter und des Managements, also der Mitwirkenden, sowie durch die Qualität des gegenseitigen Umgangs und Beziehungsgeflechts unterscheiden, in dieser Welt wird die konsequente Nutzung dieses Potenzials und der vorhandenen Energien und Ressourcen immer wichtiger. Die veränderte Wertorientierung und das neue Verständnis von Wohlergehen werden sich hier bemerkbar machen.

Kreativität wird so als Fähigkeit und Produktivkraft ins Zentrum rücken. Arbeit wird sich dabei mehr und mehr zur Selbstgestaltung entwickeln. Und die Ausrichtung auf die Fähigkeiten und die Lebensorientierungen der Menschen wird im Mittelpunkt aller Überlegungen stehen. Aber erst im Konzert und Zusammenspiel der unterschiedlichsten Standpunkte, Ideen, Kräfte, Fähigkeiten, Meinungen, Erfahrungen und Richtungen entstehen innovative Lösungen und Zukunftsorientierungen.

Ich wünsche mir, dass diese Gedanken bei Ihnen, den Leserinnen und Lesern, den ersten Schritt zu einem Bewusstseinswandel auslösen und damit eine Neuorientierung ermöglichen, die endlich Abschied nimmt von der herrschenden Top-Down-Kultur. Vielleicht verhelfen uns die hier entwickelten Ansätze dazu, sich einmal den üblichen Zwängen zu entziehen, sich anderen Sichtweisen zu öffnen und so einen anderen Blickwinkel zu ermöglichen. Aber das Wichtigste: Lassen Sie sich von den daraus resultierenden Eindrücken inspirieren und wagen Sie einmal ein anderes, von der üblichen Routine abweichendes Denken.

Deshalb lade ich jeden dazu ein, den ersten Schritt zu einer Neuorientierung an seinem Platz und in seinem Umfeld, mit seinen Möglichkeiten und Fähigkeiten zu tun. Wenn wir, wie die Ergebnisse zum Beispiel der Chaosforschung uns zeigen, dadurch viele kleine Schritte in Richtung einer anderen Denkweise auslösen, bin ich zuversichtlich, dass wir auch deutliche Veränderungen zu einer anderen Arbeitswelt, zu einem anderen Managementverständnis und zu einem anderen Bewusstsein sowie zu einer anderen Welt erreichen, die mit mehr Möglichkeiten und intelligenteren Produkten, Systemen und Lösungen ausgestattet sein wird als unsere bisherige Welt.

Dieses Verständnis soll im Gegensatz zum alten Schema „Festlegung des Sollzustandes, Erhebung der Ist-Ergebnisse und Maßnahmen aufgrund der Abweichungsanalyse" eine umfassendere und intelligentere Neuorientierung mit Verantwortung und nachhaltigem Handeln ermöglichen, und zwar nicht nur für Gruppen, Organisationen, Unternehmen, sondern auch für unsere Gesellschaft, für Regionen, Nationen und Länder. Und dazu brauchen wir in vielen Bereichen den dargestellten Kulturbruch, um Neues aufbrechen zu können und in einer anderen, intelligenteren Welt anzukommen mit reicheren Möglichkeiten. Denn auch Intelligenz hat vom Wortursprung mit zusammenlesen, zusammendenken und Miteinander zu tun. Warum also sollte es uns nicht gelingen, in diesem Sinne intelligentere Unternehmen und Organisationen zu entwickeln und das bisher herrschende Defizit zu überwinden?

# Literatur

ALBERS, MARKUS: Morgen komm ich später rein, Campus, Frankfurt am Main, 2008

ALLIANZ GLOBAL INVESTOR: Analysen & Trends: Der 6. Kondratieff - Wohlstand in langen Wellen, Januar 2010

BACKHAUS, KLAUS/BONUS, HOLGER (HRSG.): Die Beschleunigungsfalle oder der Triumpf der Schildkröte, Schäffer-Poeschel, Stuttgart 1994

BECKER, ROBERT: Besser miteinander umgehen - Die Kunst des interaktiven Managements, Gabler, Wiesbaden 1994

BLEICHER, KNUT: Normatives Management - Politik, Verfassung und Philosophie des Unternehmens, Campus, Frankfurt am Main/New York 1994

BRIGGS, JOHN/ PEAT, F. DAVID: Die Entdeckung des Chaos - Eine Reise durch die Chaos-Theorie, Hanser, München/Wien 1990

COLLINS, JIM: Der Weg zu den Besten - Die sieben Management-Prinzipien für dauerhaften Unternehmenserfolg, dtv, München 2006

DROSDEK, ANDREAS: Der Samurai-Faktor - Durch Chaosmanagement aus der Krise, Langen Müller/Herbig, München 1994

DRUCKER, PETER: Die postkapitalistische Gesellschaft, Econ, Düsseldorf 1993

ERHARD, LUDWIG: Wohlstand für alle, Anaconda, Köln 2009

ETZIONI, AMITAI: Jenseits des Egoismus-Prinzips - Ein neues Bild von Wirtschaft, Politik und Gesellschaft, Schäffer-Poeschel, Stuttgart, 1994

FUCHS, JÜRGEN/FUCHS, HOLGER: Schluss mit Hierarchie - Wie Unternehmen menschlicher werden, CO.IN. Medien, Wiesbaden 2008

GRÄSSLE, ANTON A.: Quantensprung - Durch Veränderungsmanagement zur Unternehmensidentität, Beck, München 1993

GRIMM, BERNHARD A.: Ethik des Führens - Guter Mensch, schlechter Manager?, Langen Müller/Herbig, München 1994

GUNTERN, GOTTLIEB: Im Zeichen des Schmetterlings - Leadership in der Metamorphose - Vom Powerplay zum sanften Spiel der Kräfte, Bern/München/Wien 1992

HAMMER MICHAEL/CHAMPY, JAMES: Business Reengineering - Die Radikalkur für das Unternehmen, Campus, Frankfurt am Main/New York 1994

HAUMER, HANS: Das Wildentenprinzip - Die Strategie von Kampf und Konsens im Management, Orac, Wien 1994

HOEFLE, MANFRED: Managerismus - Unternehmensführung in der Not, Wiley-VCH, Weinheim 2010

HORX, MATTHIAS: Das Buch des Wandels: Wie Menschen Zukunft gestalten, Deutsche Verlags-Anstalt, München 2009

HORX, MATTHIAS: Technolution - Wie unsere Zukunft sich entwickelt, Campus, Frankfurt am Main 2008

JÄGER, ROLAND: Ausgekuschelt - Unbequeme Wahrheiten für den Chef, Orell Füssli, Zürich 2009

JÁNSZKY, SVEN GÁBOR: 2020 - So leben wir in der Zukunft, Goldegg, Wien 2009

KERKELING, HAPE: Ich bin dann mal weg. Meine Reise auf dem Jakobsweg, Malik, München 2007

KIRCHNER, BALDUR: Benedikt für Manager - Die geistigen Grundlagen des Führens, Gabler, Wiesbaden 1994

KNOBLAUCH, JÖRG: Die Personalfalle - Schwaches Personalmanagement ruiniert Unternehmen, Campus, Frankfurt am Main 2010

KOISSER, HARALD: Die Rückeroberung der Stille, Auswege aus Stress und Reizüberflutung, Orac Verlag, Wien 2007

KOTTER JOHN: Abschied vom Erbsenzähler - Leadership: A Force for Change, Econ, Düsseldorf 1991

KROY, WALTER: Innovations-Kompetenz erreichen - Technologiemanagement für grundlegende Innovationen, in: Schuppert, D./Lukas, A. (Hrsg.): Signale zum Aufbruch - Was Manager der Zukunft auszeichnet, Gabler, Wiesbaden 1994, S. 117-149

LASZLO, ERVIN/LASZLO, CHRISTOPHER: Managementwissen der 3. Art. Vorsprung durch evolutionäres Denken, Gabler, Wiesbaden 1997

LUKAS, ANDREAS: Warum wir eine neue Denkkultur brauchen, in: perspektive:blau, Wirtschaftsmagazin, Mai 2011

LUKAS, ANDREAS: Zwischenruf - alles klar oder was?, in: HR performance - entfesseln, befähigen, verändern, April 2011, S. 54-56

LUKAS, ANDREAS: Mehr Produktivität durch Management der Erneuerung, in: Bankers Exklusiv, Dez. 2010, S. 12-16

LUKAS, ANDREAS: Die Sehnsucht nach Langsamkeit und Stille, in: Bankers Exklusiv, Oktober 2008, S. 12-16

LUKAS, ANDREAS: Die Entdeckung der Langsamkeit oder die Wiedereroberung der Zeit, in: Czwalina, J. (Hrsg.): Was ich anders machen würde... Lebenswert leben, Frankfurt am Main 2002, S. 171-184

LUKAS, ANDREAS: Leitbilder eines neuen Führungsverständnisses: Kultur und Führungsstil als Wettbewerbsvorteil, in: Consulting in Deutschland 2001, Jahrbuch für Unternehmensberatung und Management, Frankfurt am Main 2001, S. 64-68

LUKAS, ANDREAS: Abschied von der Reparaturkultur - Selbsterneuerung durch ein neues Miteinander, Frankfurt am Main/Wiesbaden 1995

LUKAS, ANDREAS: Personalkonzepte für mehr Effizienz, in: Becker L./Lukas A. (Hrsg.): Effizienz im Marketing - Marketingprozesse optimieren statt Leistungspotentiale vergeuden, Gabler, Wiesbaden 1994, S. 219-233

MALIK, FREDMUND: Strategie: Navigieren in der Komplexität der Neuen Welt, Campus, Frankfurt am Main 2011

MALIK, FREDMUND: Führen, Leisten, Leben: Wirksames Management für eine neue Zeit, Campus, Frankfurt am Main 2006

MECKEL, MIRIAM: Das Glück der Unerreichbarkeit - Weg aus der Kommunikationsfalle, Goldmann, München 2008

MÖLLER, KLAUS-PETER: Vor uns die guten Jahre - Europa vor einem neuen wirtschaftlichen Aufschwung, München 1992

Nadolny, Sten: Die Entdeckung der Langsamkeit, Piper, München 2010

NEFIODOW, LEO: Der sechste Kondratieff - Wege zur Produktivität und Vollbeschäftigung im Zeitalter der Information, Rhein-Sieg Verlag 2007

OLTMANNS, THORSTEN/NEMEYER, DANIEL: Machtfrage Change - Warum Veränderungsprojekte meist auf Führungsebene scheitern und wie sie es besser machen, Campus, Frankfurt am Main 2010

OPASCHOWSKI, HORST W.: Wir! Warum Ichlinge keine Zukunft mehr haben, Murmann, Hamburg 2010

PIETSCHMANN, HERBERT: Die Wahrheit liegt nicht in der Mitte - Von der Öffnung des naturwissenschaftlichen Denkens, Weitbrecht, Stuttgart/Wien 1990

PROBST, GILBERT J.B./BÜSCHEL, BETTINA S.T.: Organisationales Lernen - Wettbewerbswandel der Zukunft, Gabler, Wiesbaden 1997

SCHLEUTER, WILLIBERT/VON STOSCH JOHANNES: Die sieben Irrtümer des Change Managements, Campus, Frankfurt am Main 2009

SCHMUTZ, HERIBERT: Raus aus der Demotivationsfalle: Wie verantwortungsbewusstes Management Vertrauen, Leistung und Innovation fördert, Gabler, Wiesbaden 2005

SCHUMACHER, TORSTEN: Leinen Los! - Aufbruch in ein neues Zeitalter der Mitarbeiterführung, Wiley-VCH, Weinheim 2009

SCHWARZ, GERHARD: Konfliktmanagement: Konflikte erkennen, analysieren, lösen, Gabler, Wiesbaden 2009

SEIWERT, LOTHAR J.: Wenn Du es eilig hast, gehe langsam – Mehr Zeit in einer beschleunigten Welt, Campus, Frankfurt am Main 2005

SENGE, PETER M.: Die fünfte Disziplin: Kunst und Praxis der lernenden Organisation, Schäffer-Poeschel, Stuttgart 2011

SIMON, HERMANN: Die Wirtschaftstrends der Zukunft, Campus, Frankfurt am Main 2011

SPRENGER, REINHARD K.: Mythos Motivation – Wege aus einer Sackgasse, Campus, Frankfurt am Main 2010

TALEB, NASSIM NICHOLAS: Der Schwarze Schwan – Die Macht höchst unwahrscheinlicher Ereignisse, Hanser, München 2008

TOFFLER, ALVIN: Machtbeben – Wissen, Wohlstand und Macht im 21. Jahrhundert, Econ, Düsseldorf, Wien 1991

UNKEL, KATJA: Sozialkompetenz – ein Manager-Märchen?: Wahrheiten über wirksames Management und den Umgang mit Menschen in Organisationen, Campus, Frankfurt am Main 2011

WATERMAN, ROBERT: Die neue Suche nach Spitzenleistungen – Erfolgsunternehmen im 21. Jahrhundert, Econ, Düsseldorf 1994

## Der Autor

Dr. Andreas Lukas, Diplom-Kaufmann (Universität des Saarlandes, Saarbrücken) verfügt über langjährige Erfahrung als Manager in der Kommunikations-, Medien- und Verlagsarbeit sowie als Referent, Autor und Mitherausgeber zu zukunftsweisenden Führungs- und Personalthemen.

Nach der Promotion begann er seine berufliche Tätigkeit als Referent bei der Industrie- und Handelskammer in Augsburg. Danach war er viele Jahre Chefredakteur einer innovativen Management-Zeitschrift bei Gabler. Weitere Stationen: Leiter des Unternehmensbereichs Publizistik im Deutschen Sparkassenverlag in Stuttgart; Verlagsleiter des FAZ-Buchverlags, Frankfurt am Main; Mitglied der Geschäftsführung der CO.IN. Medien GmbH, Verlag und Agentur für Unternehmenskommunikation, Wiesbaden; Marketing- und Unternehmenskommunikation der Optical Data Systems GmbH. Er ist Mitglied im Aufsichtsrat der incon ag – Management, Personal, Organisation.

Andreas Lukas ist Autor zahlreicher Veröffentlichungen über zukunftsweisende Führungsthemen. Bereits in seinem viel beachteten Buch „Abschied von der Reparaturkultur – Selbsterneuerung durch ein neues Miteinander" (1995 bei Gabler erschienen) zeigt er neue Wege für ein verantwortungsbewusstes Management.

Für Fragen, Kommentare und Anregungen: dr_lukas@t-online.de

# Managementwissen: kompetent, kritisch, kreativ
↗

## Lebendigkeit im Unternehmen freisetzen und nutzen

Lebendigkeit ist der fundamentalste Wettbewerbsvorteil eines Unternehmens. Denn durch einen hohen Grad an Lebendigkeit entsteht alles andere: Spitzenleistung, Innovationskraft, Veränderungsbereitschaft, Dynamik und Tempo. Dieses Buch zeigt, wie diese hohe Lebendigkeit in Unternehmen erreicht werden kann.

Matthias zur Bonsen
**Leading with Life**
Lebendigkeit im Unternehmen freisetzen und nutzen
2. Aufl. 2010. 273 S.
Geb. EUR 39,95
ISBN 978-3-8349-1353-1

## Kompakt und praxisnah, mit aktuellen Erkenntnissen der Hirnforschung

Gepaart mit aktuellen Erkenntnissen aus der Hirnforschung und Psychologie bietet Achim Neubarth eine wertvolle Navigationshilfe – gerade in schwierigen Situationen. Kompakt und praxisgerecht zeigt er auf, wie Sie Ihre emotionale Qualifikation ausbauen, die Leistungspotenziale Ihrer Mitarbeiter zu Tage fördern und Klima, Kooperation und Motivation im Unternehmen positiv beeinflussen.

Achim Neubarth
**Führungskompetenz aufbauen**
Wie Sie Ressourcen klug nutzen und Ziele stimmig erreichen
2011. 192 S. Br. EUR 34,95
ISBN 978-3-8349-2413-1

## Balsam für die Angestellten-Seele und Impulse für die persönliche Selbstbestimmung

Andreas Friedrich erzählt anschaulich und schonungslos, was ein erfolgreicher Angestellter während seiner Karriere an Missständen und schlechten Führungsstilen erlebt und wie dies zur inneren Kündigung und schließlich zum bewussten Neubeginn führt.
Eine lockere und unterhaltsame Lektüre, die den Leser dazu ermutigt, das eigene Leben neu zu gestalten. Und die im besten Fall die Chefs dieser Welt ein klein wenig nachdenklicher stimmt. Kein Blick zurück im Groll, sondern Reflexionen und Empfehlungen für ein besseres Miteinander.

Andreas Friedrich
**Chef, so bitte nicht mit mir!**
Von der inneren Kündigung zum Neubeginn. Mit praxiserprobten Empfehlungen für den Arbeitsalltag
2010. 160 S. Br. EUR 29,95
ISBN 978-3-8349-2107-9

Änderungen vorbehalten. Stand: Februar 2011.
Erhältlich im Buchhandel oder beim Verlag
Gabler Verlag . Abraham-Lincoln-Str. 46 . 65189 Wiesbaden . www.gabler.de